硅基

Chat GPT

AI写作高手

从 | 零 | 开 | 始
用ChatGPT学会写作

无戒　杜培培　俞庚言◎著
量子学派◎审校

物

语

北京大学出版社
PEKING UNIVERSITY PRESS

内 容 提 要

本书从写作与ChatGPT的基础知识讲起，结合创作者的实际写作经历与写作教学经历，重点介绍了用ChatGPT写作的基础技巧、进阶写作的方法、不同文体的写作方法、写作变现的秘诀，让读者系统地理解写作技巧与变现思路。本书包括如下内容：用ChatGPT重建写作思维、快速摘定选题、快速写出标题、高效收集素材、生成文章结构、写出优质文章、进行日常写作训练，以及用ChatGPT提升写作变现能力。本书适合零基础想学习写作、想利用ChatGPT提高写作能力的读者阅读。

图书在版编目（CIP）数据

硅基物语.AI写作高手：从零开始用ChatGPT学会写作／无戒，杜培培，俞庚言著.—北京：北京大学出版社，2023.9

ISBN 978-7-301-34295-4

Ⅰ.①硅… Ⅱ.①无…②杜…③俞… Ⅲ.①人工智能Ⅳ.①TP18

中国国家版本馆CIP数据核字(2023)第147826号

书　　　名	硅基物语.AI写作高手：从零开始用ChatGPT学会写作
	GUIJI WUYU.AI XIEZUO GAOSHOU：CONG LING KAISHI CHATGPT XUEHUI XIEZUO
著作责任者	无　戒　杜培培　俞庚言　著
责任编辑	滕柏文　杨　爽
标准书号	ISBN 978-7-301-34295-4
出版发行	北京大学出版社
地　　　址	北京市海淀区成府路205号　100871
网　　　址	http://www.pup.cn　新浪微博:@北京大学出版社
电子信箱	编辑部 pup7@pup.cn　总编室 zpup@pup.cn
电　　　话	邮购部 010-62752015　发行部 010-62750672　编辑部 010-62570390
印 刷 者	三河市北燕印装有限公司
经 销 者	新华书店
	880毫米×1230毫米　32开本　8.5印张　254千字
	2023年9月第1版　2023年9月第1次印刷
印　　　数	4000册
定　　　价	59.00 元

在数字化时代，AI 已经渗透到我们生活的方方面面，写作领域也不例外。AI 写作技术的迅猛发展，为写作者带来了前所未有的机遇与挑战，正悄然改变着我们对创作的认知。

近两年，每到高考，AI 生成的高考作文都会登上热搜，但从没有哪一年像 2023 年这样，几乎引爆热搜，引起各行各业的众多讨论。ChatGPT 以不可阻挡之势席卷世界，现在，就连小区门口摇着蒲扇纳凉的大爷，嘴里讨论的都是 AI 将如何改变世界、改变个体的人生，讨论未来，AI 到底会取代哪些人？

这个问题，作为写作者的我们同样在思考。

现在，AI 已经能够在短短的几秒钟生成一篇高考作文、一个条理清晰的文案、一份内容翔实的图书目录……很多同行都在问：AI 时代，还需要人类创作者吗？人类还有继续写作的必要吗？

作为写作者，我可以很肯定地给出这个问题的答案：无论在哪个时代，都需要优质的人类创作者，人类永远有持续写作的必要。

AI 可以替代很多，可以超越很多，但它无法拥有人类独特的情感和创造力，也就永远无法创作出真正打动人心的优质作品。

我始终认为，AI 只是工具，而我们，是使用工具的人类。

就如同农夫永远不会被播种机取代，画家永远不会被相机和

Photoshop 取代，优质的人类创作者，也不可能被 AI 取代。

就像农夫需要正确使用播种机和收割机，才能让庄稼的亩产提升数倍；就像画家需要熟练使用相机和图像处理工具，才能创作出更符合数字时代需求的作品，作为写作者的我们，也必须学会使用 AI 写作工具，才能事半功倍地创作出更多、更好的内容。

那么，我们如何才能让 AI 工具为自己所用呢？

为了找到答案，我们梳理了过去多年的创作经验，以及无戒老师多年的教学经验，几度更新迭代，最终写出了这本《硅基物语 . AI 写作高手：从零开始用 ChatGPT 学会写作》，以 ChatGPT 为主要工具，让 10 倍提升写作效率变成可能。

写作是人类与生俱来的天赋之一，古往今来，无数故事与思想，都是通过写作得以流传的。写作是人类天然具有的一种情感需求，靠写作为生的人始终是少数，有写作欲望的人却相当多，只是这些有写作欲望的人没有学习到足够多的写作技巧，无法将自己的所思所想，准确地诉诸笔端。

现在，以 ChatGPT 为代表的 AI 写作工具的出现，将会解决这个难题。

我们可以打个简单的比方，假设有写作欲望但不会写的人是小学生，那么 ChatGPT 等 AI 写作工具就是高中生，而那些有所成就的作家就是大学生、研究生，甚至是教授、知名学者。ChatGPT 可以帮助"小学生"迅速入门，给他们的写作提供思路、素材，帮助他们修改、优化已经写出的文章，并提供投稿变现的指导。

本书的目的，就是帮助"小学生"掌握使用 AI 写作工具的技巧，以及帮助成熟的作者掌握训练 AI 写作工具的方法，让其成为自己的助手，省去大量的收集资料、整理资料、做简单的文档校对等烦琐工作的时间，高效创作出更多优质的作品。

在不久的将来，AI 写作工具一定会改变现有的创作生态和创作方式，那时可能出现的场景是，人类负责宏观层面的内容策划，给定价值观，AI 则按照人类指令生成符合要求的作品。

在可预见的未来，AI 与写作者会形成一种协作关系，共同推动文学创作的发展。AI 可以为人类创作者提供更多的工具和资源，人类创作者则可以为 AI 带来更丰富的情感、创意和人文背景，这种协作关系将有助于创作出更具创新性和吸引力的作品，同时有助于推动 AI 技术的进步。

人的情感，是作品的灵魂。在 AI 时代，我们更需要以人为本，创作出贴近人心、触动人的灵魂的作品。

望我们能一起勇敢地面对未知，挑战传统的边界，探索创新的可能性，在 AI 时代的文学舞台上大放异彩。

愿我们的笔触相互交织，永葆对创作的热爱和追求！

俞庚言

AI 时代，我们该怎样写作？

这是我写作的第八年，在写作的前些年，我一边自我怀疑，一边自我催眠，有些痛苦地坚持着。直到我写作的第五年，我出版了人生的第一本书，而您手上捧着的这本，是我出版的第六本书。不仅如此，我的四本小说《余温》《云端》《雪墨》《38℃爱情》还出版了英文版，走出了国门。就在我越来越坚信我一定可以成为一个具有影响力的畅销书作家时，AI，悄然走进人们的生活。

某一天醒来，一个叫 ChatGPT 的 AI 工具横空出世，网络上铺天盖地都是关于它的消息。据说，它可以替代文案师写文案，替代小说家写小说。写作者无不惊慌，每个人都在想：它会不会替代我？写作还有前景吗？

我的另一个身份是写作课导师，那些日子，我几乎每天都会收到学员的私信："老师，AI 兴起，我们写作还有意义吗？"我不知道怎么回答他们，因为我也搞不清楚。未来作家还会存在吗？写作还有意义吗？

这让我焦虑了很多天，我看了很多对于 AI 的分析，以及对作家职业的预判，始终没有找到答案。

所以，我做了一个决定，既然我们无法改变它，那么，我可以选择去拥抱它，我决定看看它到底有没有那么神奇。于是，忙碌替代了焦虑，我开始找教程学习。

使用 ChatGPT 的第一天，我觉得它像个"傻子"，根本没有那么神奇。它生成的文字毫无逻辑，我觉得被狂热追捧的 AI，其实不过如此。

但第二天，我看到一个视频，视频中说，如果一个人的 AI 助手不好用，说明使用它的人是个"傻子"，不会提问。

这戳中了我的神经，我不能承认我是"傻子"，我立刻开始研究如何提问。就这样，过了一个月，我的 AI 小助手从"傻子"变成了天才。

我终于搞清楚了它到底能做什么，以及未来作家的任务是什么。那天，我问它："ChatGPT 未来会替代作家吗？未来写作这个行业还有发展前景吗？"

它答："ChatGPT 和其他自然语言处理模型在文本生成方面取得了令人印象深刻的进展，但目前的技术水平还不能完全取代作家。虽然 ChatGPT 可以生成连贯的文本，但它缺乏创造性、情感、个人经验等人类作家的特质。

"作家的作品通常是个人思想、情感和创造力的体现，他们通过自己的观察、经历和想象力创作独特而引人入胜的故事、诗歌和非虚构作品。作家还能够捕捉社会和文化的变化，并对其进行解读和表达。

"虽然技术的进步可能会改变作家的工作方式，但作家作为创造性思维和情感表达的艺术家，仍然具有独特的价值。无论是文学作品、新闻报道、广告宣传还是教育材料，在创新创作方面，作家的才能和洞察力都是不可替代的。

"写作这个行业仍然有发展前景，尤其是随着数字出版和自助出版的兴起，作家有更多的机会将作品推向读者。"

我想，我找到了答案。

它不能替代作家，但是会替代一些毫无创造力的文字生产者。它没有情感，只能模仿；它可以重组句子，但是不一定能写出你想要的感觉。

它不仅不会替代有创造力的作者，还可以成为有创造力的作者的好帮手。我用它写小红书文案、写朋友圈文案、优化标题，在我想不出新颖的点子时，它会给我提供新的思路……我开始和它和平共处。它不仅帮我提高了工作效率，还帮我节省了人力成本。

就是在这样的情况下，出版社的编辑找到我说，有一个选题，关于写作和 AI，问我能不能写。

我答应了。

写这本书的过程中，我的助手 ChatGPT 帮了我很多忙，我用我在书里讲述的方法写完了这本书，以确保我所讲的每一个方法都是直接可用的，不是纸上谈兵。

这本书从写作基础讲起，串联写作经验、具体写作方法，以及写作过程中的共性问题。

市面上有太多书在讲新媒体写作，这本书不仅介绍了新媒体写作，更深入介绍了小说、故事写作技巧，是目前市面上其他图书尚未涉及的。本书把写作中可能会遇到的各类问题，如写书、签约、策划、出版、营销、变现等内容都囊括其中，结合我七年的写作教学经验，以及八年写作实战经验为大家一一分析，找出了直接可用的方法。同时，把使用 ChatGPT 辅助写作的方法，用案例演示的形式给大家展示出来。

写作本书前，我还专门通过运营团队收集了大家针对 ChatGPT 辅助写作最想了解的功能。根据调查结果，我和合伙人杜培培反复讨论，把大家可能问到的问题，都在书中做了具体案例展示，就连提问话术都帮大家准备好了。

我看过很多"工具书"，有好多书喜欢泛泛而谈，对于读者最想知道的实操方法却一笔带过。在写本书的过程中，我把所有涉及 ChatGPT 的实操方法都详细地加以展示，大家根据实际需求，举一反三地进行提问就行了。

　　凡是你能想到的，你想问的，书中全部做了展示，这就是这本书的意义，它不仅能够解决你在写作过程中遇到的问题，还可以帮助你迅速掌握使用 AI 辅助写作的技巧。

　　未来，使用 AI 辅助写作会成为一种新的写作形式。

　　当新事物出现时，如果感觉到焦虑，就拥抱它吧，因为我们无法阻止时代的发展，只能努力做一个不被时代淘汰的人。

　　感恩遇见您，感恩您一路支持和陪伴。

无戒

第四章 用 ChatGPT 快速搞定标题

第五章 用 ChatGPT 高效收集素材

第六章 用 ChatGPT 搞定结构、开头、结尾、小标题

第七章 用 ChatGPT 写出优质文章

第十二章 ✍ **从选题到完稿，利用 ChatGPT 写作全流程演示**

后记 ✍ **我们为什么写作？**

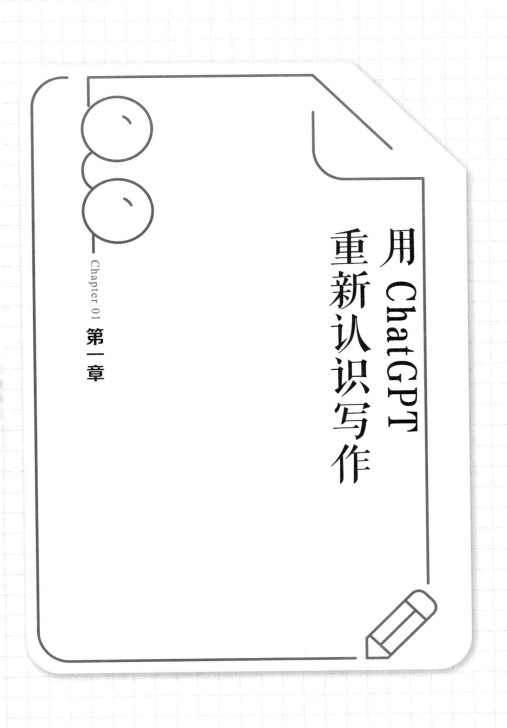

用ChatGPT
重新认识写作

Chapter 01 第一章

01 | 如何从零开始写作？

在新媒体时代，许多人渴望开始写作，却不知从何处着手。我进行过一项调查，发现很多对写作有兴趣但尚未尝试的文学爱好者，认为写作很困难；然而，当调查对象变成与我一起写小说的伙伴们时，调查结果完全不同，他们认为开始写作并不困难。那么，开始写作的最大难点是什么呢？我认为最大的挑战在于"坐下来，开始写"这个动作。对于任何事情而言，起步是最艰难的，一旦迈出第一步，大多数问题都能迎刃而解。

无论你想写的类型是什么，无论你写的东西是好是坏，都不重要，只要你愿意写，就已经成功了一半。无戒学堂的许多学员，在开始写作之前习惯写日记，虽然这种写作是碎片化的，但对于他们日后写小说有巨大的帮助。

任何形式的写作行为都有助于提高你的写作水平。那些坚持写日记的学员和从未动过笔的学员，在开始写作后表现出明显的差距。

当然，写作是一门技能，需要持续练习和不断精进。如果你想从零开始写作，请记住以下七个要点。

确定你的写作目标

你要写什么？是小说、散文，还是其他类型的文章？明确你的写作目标有助于制订写作计划。很多人写作很盲目，并不知道自己想要写什么，可能努力很久，却得不到明确的结果。在刚开始写作时，你可能并不知道自己的目标是什么，这时可以尝试写不同类型的文章，在写的过程中寻找自己擅长和喜欢的领域。

我们用 ChatGPT 举个例子，看看它能不能给我们一些参考，帮助我们更好地确定自己的写作目标。

提问：我想学写作，怎样才能确定一个清晰的写作目标？

ChatGPT　确定清晰的写作目标是学习和提高写作技能的重要一步。以下是一些方法，可以帮助你确定自己的写作目标。

1. 确定你的写作兴趣：思考你对哪些领域或题材感兴趣，是小说、诗歌、散文、剧本，还是其他题材？了解自己的兴趣和偏好可以帮助你明确方向。

2. 定义你的写作风格：思考你希望采用的写作风格。你喜欢幽默、悬疑、浪漫，还是其他风格？确定你的写作风格可以让你更有针对性地进行练习。

3. 确定你的写作目的：思考你写作的目的和意义。你是想娱乐读者、传达信息、表达情感，还是启发读者思考？明确你的写作目的可以帮助你更有动力地写下去。

4. 设定具体的目标：将你的写作目标具体化。例如，你可以设定每周写一篇短篇故事、完成一部长篇小说大纲，或者写出一篇个人博客文章。确保你的目标是切实可行和具体的，这样可以帮助你更好地跟踪进度和衡量成就。

5. 制定时间表：制定一个合理的时间表来实现你的写作目标。有一个明确的时间表可以帮助你保持专注并养成良好的写作习惯。

6. 寻求反馈和指导：和其他写作者分享你的写作目标，并寻求他们的反馈和建议。参加写作社群，或找到一个写作导师，都可以获得有价值的指导和支持，帮助你在实现目标的过程中不断成长。

现在我们结合 ChatGPT 的提议，演示确定写作目标的具体步骤，这里以完全没有写作经验的新人为例进行说明。

第一步，拿出一张纸，写出你最喜欢看的文章、最喜欢读的书的类型，是小说、诗歌、散文、剧本，还是其他？一般而言，最喜欢看的领域的内容，往往也是自己想写的，且更容易写好。

第二步，在纸上写下你最想写的文章类型，你是想写网络小说，还是诗歌、散文、剧本，或者新闻评论？写下你最擅长的行文风格，是偏向于幽默，还是严肃？是大气磅礴，还是唯美清新？写下你写起来比较轻松的内容，是故事情节，还是景物描写？或者是人物刻画？

第三步，写下你现阶段的写作目的，是脑海里有太多的情节和情绪不吐不快，还是想要将写作作为副业赚到稿费？抑或只是想与具有相同爱好的人一起交流，"为爱发电"？

第四步，写下你的具体目标，比如，如果你想写 30 万字的长篇小说，目标就是用一周的时间写出全文大纲，接下来每天写作 2000 字，在 5 个月内将小说写完；如果你想写刊登在杂志上或者发布在公众号等新媒体平台上的短篇文章，就可以在一周之内写完初稿，之后每周进行一次修改，直到自己满意。

第五步，写下你每天可以用来写作的时间，记住，是每天。写作是一件长期工作，必须日复一日地坚持。假设你每天晚上 9:00–11:00 有时间，就可以雷打不动地用这两个小时来写作。

第六步，列出你认为可以检验你写作能力的人或者平台，对方可以帮你点评文章，或者衡量你的水平是否达到一定的标准。比如，列出过稿难度不同的几个投稿平台，从高到低投稿，稿子被哪个平台接受了，就侧面反映出自己的水平。同时，这些平台的编辑也会给你写作上的指导，哪怕被退稿，对方也会说明原因。

阅读大量的作品，增加积累

阅读不同作者的作品有助于熟悉不同的写作风格，提高写作技巧。同时，阅读可以扩展词汇量、提高语言表达能力。

如何有效阅读大量的作品？选对阅读对象对写作者而言非常重要，如果你没有足够的时间去挑选市场上琳琅满目的书籍，现在有一个简单的解决方法，那就是让 ChatGPT 来替你挑选。

举个例子，假设你现在是一位历史领域的写作者，需要阅读大量的历史书，就可以这样提问：

我是历史领域的写作者，现在想写关于中国唐朝的历史类文章，请你给我推荐几本与中国唐朝历史相关的优质图书，出版时间在 2015 年之后。

请注意，因为现阶段的 ChatGPT 在处理中文内容的时候尚不够成熟，生成的回答可能有误，为了尽可能规避错误答案，此处我们可以使用微软 Bing 的 AI 对话工具来进行提问，其生成的回答如下。

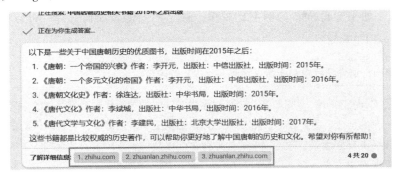

此处回答仍旧存在错误，比如李开元虽然的确是历史领域的学者，但他并没有写过《唐朝：一个帝国的兴衰》等书。所以我们可以忽略它给出的答案，单击下方"了解详细信息"中的链接，进入相应的知乎专栏。

历史类书籍书单：先秦秦汉唐宋明清两大通史断代史学者
(2021.05)

历史书籍书单推荐（2021.05）			
类别/时间	书名	作者	豆瓣评分
通史	《中国通史》	傅乐成	9
	《国史大纲》	钱穆	9.3
	《中国通史》	吕思勉	9.1
	《简读中国史：世界史坐标下的中国》	张宏杰	8.5
先秦时期	《中国青铜时代》	张光直	9.4
	《西周史》	杨宽	9
	《西周史》	许倬云	8.3
	《失败者的春秋》	刘勃	9
	《战国歧途》	刘勃	8.8
秦汉魏晋时期	《秦汉史》	吕思勉	8.9
	《秦汉魏晋史探微》	田余庆	9.4
	《陈寅恪魏晋南北朝史讲演录》	陈寅恪	9
	《三国史》	马植杰	8.6
	《东晋门阀政治》	田余庆	9.5
隋唐五代十国时期	《隋唐五代史》	吕思勉	8.9
	《隋唐制度渊源略论稿·唐代政治史述论稿》	陈寅恪	9.6
	《危机与重构·唐帝国及其地方诸侯》	李碧妍	9.1
	《隋唐帝国形成史论》	[日]谷川道雄	8.8
两宋时期	《细说宋朝-黎东方讲史之续》	虞云国	9.2
	《汴京之围·北宋末年的外交、战争和人》	郭建龙	8.2
	《祖宗之法：北宋前期政治述略》	邓小南	8.8
	《南宋初期政治史研究》	[日]寺地遵	8.7

在知乎专栏中，我们可以得到知乎答主推荐的非常全面的历史类图书。

如果觉得推荐的图书比较多，自己不知道该如何选择，可以向 ChatGPT 提问。

提问： 请介绍吕思勉所著《隋唐五代史》的内容。

⑤ ChatGPT 《隋唐五代史》是吕思勉先生中国断代史系列著作的最后一部，分上、下两部。上部是政治史，包括王朝兴亡盛衰、各种重大历史事件的前因后果、政治措施的成败得失，以及与少数民族的关系等，采用新的纪事本末体；下部是社会经济、文化史，介绍隋唐时期社会经济、文化学术等方面的情况。

根据图书的内容简介可以大概了解一本书的主要内容，从而判断这本书是否符合自己的阅读需求。

大量的阅读只是手段，要通过大量读书提高写作能力，最基础的做法就是积累书中优秀的字词句段。

作为写作课的讲师，我被问到最多的问题就是词穷怎么办。所谓词穷，即在写作时无法找到精准的词语来准确表达写作者的所思所想。阅读是解决这个问题非常好的方法之一，可以通过大量阅读积累词汇量，并通过刻意练习，将所积累的词语应用到自己的文章中。

这个过程是漫长的，但现在有了 ChatGPT 作为工具，这个过程将被有效缩短，我们可以通过向 ChatGPT 提问，来获取精彩的描写片段。

提问： 请你分享一些美国作家玛格丽特·米切尔的作品《飘》中的经典段落或句子。

⑤ ChatGPT 《飘》中的经典段落或句子如下。

1. 不管怎样，明天又是新的一天！
2. 死亡、税收和分娩，没有任何一件事的时间都是方便的。
3. 我爱的是我虚构的东西，它和梅利一样已经死去。我制作了一件漂亮的外衣，然后爱上了它。当阿什利骑马而来，那么英俊，那么与众不同时，我把那件外衣给了他，不管它是否适合他。

4. 生活不一定会给予我们所期望的。

如果你有特别喜欢的一句话，可以输入 ChatGPT，让它来进行适当的改写，以满足你所撰写的文章的需求。

提问： 我写了一个句子："那年，18 岁，我走进长安城，爱上了这里的千年古韵，谁能想到，后来这里却成了我的地狱。"我觉得这个句子缺乏意境，你有什么修改建议？

ChatGPT 那年，我 18 岁，迈入长安城，陶醉于千年古韵，然而未曾预见，此处将成为我的心灵狱炉。

如果 ChatGPT 的回答不能满足你的需求，你可以进一步与它对话，提出更具体的问题，以获取更多的修改建议和替换词汇。比如这里的"心灵狱炉"，我觉得不准确，可以继续让 ChatGPT 优化。

提问： 继续优化句子，替换"心灵狱炉"，我想表达的意思可能是人间地狱，语句要美。

ChatGPT 那年，我 18 岁，踏入长安城，沐浴在千年古韵中，未料，此地竟成为我的人间炼狱，泯灭众生。

修改后的句子虽然看起来很不错，但是最后这个"泯灭众生"用得并不准确。我们可以自己改一下句子：18 岁那年，我踏入长安城，沉浸在它的千年古韵之中，未料，这里竟成为我的人间地狱。

ChatGPT 生成的内容很多时候并不能直接满足我们的写作需求，需要我们根据上下文的内容，对其进行修改。修改的过程，对写作者而言是一个非常好的练习写作的过程。

🖋️ 日更写作

写作需要不断练习。不要害怕写不好,因为写作是一个漫长的过程。在一开始不知道写什么的时候,可以从写日记开始,无论看到了什么、想到了什么,还是有什么感悟,都可以记录下来。即使我们写出来的只是片段,不够完整,甚至完全不像文章,也没有关系,重要的是开始写。

首先练习写日记,培养叙述能力;然后练习写故事、写短篇小说,练习布局谋篇的能力,最后开始写书。每个阶段都需要大量刻意练习。

以上方法并不难,但很少有人能够真正落实到行动中,这是因为方法还不够细化。针对这个问题,我们可以通过向 ChatGPT 提问,来了解更加详细的做法。

假设我想要实现每天都能写 3000 字的目标,可以进行如下提问。

> **提问:** 有什么方法,能够让我坚持每天固定写作 3000 字呢?

⑤ ChatGPT 有如下几个方法,可以让你每天写作 3000 字。

1. 制订具体的写作计划:确定每天的写作时间段和持续时间,将其安排在你最有创造力和专注力的时段。

2. 找到适合写作的环境:找到一个安静、舒适且没有干扰的写作空间。清理桌面,准备好所需的写作工具和材料。

3. 掌握时间管理技巧:例如,使用番茄工作法、时间块方法,将写作时间分解为短暂的工作间隔,每个工作间隔专注于写作一定数量的文字。设定定时器,在每个工作间隔结束时休息片刻,然后继续下一个工作间隔。

4. 设置写作目标和奖励:每天设定写作目标,例如,每小时写 500 字,当你达到目标时,给自己一些小奖励,如休息片刻、喝杯咖啡,或进行一些愉快的活动。

5. 使用写作工具:有许多写作工具可帮助你提高写作效率并记录字数。你可以使用专业的写作软件进行写作,或者使用字数统计工具来跟踪每天的写作进展。

6. 分解大任务:将 3000 字的写作任务分解为更小的子任务。集中精力写作一个段落，完成后再转入下一个段落。这样做可以让任务更具可管理性，减少压力。

7. 克服写作障碍：如果你遇到写作障碍，如缺乏灵感或写作困难，尝试一些应对方法，例如，进行预写作练习、进行头脑风暴、寻求灵感来源，或与其他写作者交流、寻求反馈。

8. 培养阅读的习惯：保持广泛的阅读，以增加你的写作素材，提高创造力。

9. 获得支持和反馈：与其他写作者建立联系，加入写作社群或参加写作工作坊。与他人分享你的写作目标和进展，寻求支持和反馈，这将鼓励你坚持下去。

制定写作计划表

在写作之前，制订一个清晰的计划是有必要的。你可以制定一个计划表，明确每个阶段的目标。对于写作者来说，确定什么时间做什么事情，就不必整天为未完成的写作任务感到焦虑。

现在以普通的上班族为例，看看 ChatGPT 会给出什么样的写作计划表。

提问： 请你帮我制订两个科学合理的写作计划，记住是两个计划，第一个计划针对工作日，每天的 8:30—18:00 我要上班，这段时间无法写作；第二个计划针对周末，我有很多时间可以写作。

---

⑤ **ChatGPT** 基于你的时间限制和要求，我为你制订了两个科学合理的写作计划。

计划一（工作日）

早晨（6:00—7:00）：起床后留出一小时进行写作。这是一天中思维清晰、注意力集中的时段，利用这段时间创作会更有效率。

晚上（19:30—21:30）：利用工作日的晚间时间进行写作。在晚饭后，留出两个小时专注于写作。这段时间可以用来展开思路、撰写具体内容，写完目标字数。

计划二（周末）

上午（9:00—12:00）：利用周末上午的三个小时进行写作。这是一天中精力充沛、时间较长的时段，可以更深入地投入写作中，完成较多的字数。

下午（14:00—16:00）：在午休和完成其他事务之后，留出两个小时进行下午的写作。这段时间可以用来进行修订，或者深入研究与写作相关的内容。

晚上（20:00—22:00）：在晚上的时间段，再次留出两个小时进行写作。这是一天中相对宁静的时段，可以专注于完成剩余的字数，或者进行写作规划和构思。

ChatGPT 给出的这个计划比较有参考价值，我的很多学员，写作时间安排类似。

写作需要时间和精力，不要着急赶工，要给自己足够的时间来思考、计划和写作。并不是每个写作者都像我一样全职写作，大多数文学爱好者是在工作之余写作。

以我的一个学员为例。

这位学员是兼职写作，且因为有了孩子，她白天工作，晚上还要照顾孩子，导致写作时间不足，无法完成写作任务，非常焦虑。

在和她的交流中，我发现她的孩子每天晚上 10:00 才睡觉，她自己也没有良好的时间管理习惯。基于此，我给她提出了以下建议。

第一，要求孩子在晚上 9:00 睡觉，这样她每天晚上就会多出一小时的时间。

第二，每天晚上固定在 9:00—9:30 阅读，9:30—10:30 写作，10:30—11:00 洗漱、准备休息。

这是一个简单但是具体的时间计划，如果当天晚上有其他事情，可以提前规划，改变策略，比如在条件允许的情况下早起写作。通过固定早起和睡前的写作时间，能有效解决写作时间不足的问题。

找到适合的写作工具和平台

选择一个适合你的写作工具，可以是电脑，也可以是纸制笔记本，关键是它一定能够让你专注于写作。

在写作过程中，找到适合自己的写作工具并充分利用它，能够极大地提高写作效率。除了写作工具，我们还需要找到适合自己的写作平台，这样我们的作品才能获得曝光、传播，从而被读者发现、喜欢。

以下是 ChatGPT 列出的适合中文写作的写作工具，大家可以参考使用。

提问： 有没有适合中文写作环境的写作工具？

⑤ChatGPT　以下是一些适合中文写作的工具。

1. 搜狗输入法：搜狗输入法是一款广泛使用的中文输入法，它提供了快速准确的中文输入，支持多种输入方式和个性化设置。对于中文写作来说，使用搜狗输入法可以提高输入速度和准确性。

2. 有道云笔记：有道云笔记是一个多平台的云端笔记应用程序，支持中文输入和编辑。它提供了便捷的写作和组织工具，包括文字、图片和音频等多种形式的记录方式，并能够跨设备同步。

3. 百度脑图：百度脑图是一款用于组织思路、制作思维导图的工具，适用于中文写作中的大纲和思维整理。你可以使用百度脑图创建清晰的思维导图，用于构思和组织文章结构。

4. 印象笔记：印象笔记是一款跨平台的笔记应用程序，支持中文写作和编辑。它提供了强大的文字处理和排版功能，同时支持图片、音频和附件的插入，适合进行中文写作和资料整理。

5. 语雀：语雀是一款专业的在线协作写作工具，广泛用于中文写作和团队合作。它提供了强大的文档编辑和版本控制功能，支持多人同时编辑和评论，方便团队协作和分享中文文档。

6. Typora：Typora 是一款简洁而强大的 Markdown 编辑器，适用于中文写作。它支持实时预览和快捷键操作，能够快速转换和导出中文文档，提供了舒适的写作环境。

7. 石墨文档：石墨文档是一款可多人协作的云端文档工具，适用于中文写作和团队合作。它支持实时协作和评论，提供了丰富的排版和编辑选项，方便创建和分享中文文档。

　　写作工具迭代到现在，大多数主体功能都有一定的相似度，但是不同的人使用习惯不一样，想要选择自己用起来最顺手的工具，最好的方法就是看测评＋实际测试。

　　测评类的帖子，可以在百度、小红书、知乎等平台搜索。

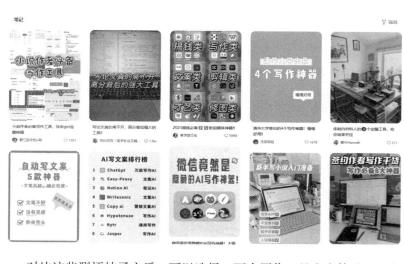

　　对比这些测评帖子之后，可以选择一两个写作工具亲自体验，比如橙瓜码字，它的优点是支持 Win/Mac/iOS/Android 等系统，可以随时在云端备份稿件；内置生成器，能够随机生成人名、地名、装备名称，甚至能生成细节描写，启发创作灵感；可统计每日码字速度、本次码字字数、本章字数、全书字数；具备稿费预测功能；支持多种文本格式导入导出，和 Word 文档无缝结合，方便交稿。

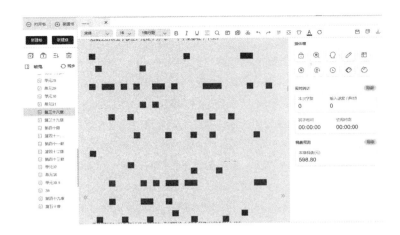

选择合适的写作工具可以大幅度提升写作效率，而选择适合自己的写作平台，可以让自己未来的写作之路更加顺畅。

对于刚开始写作的人来说，选择在哪个平台写作、了解平台的规则等可能是难题。现在有了 ChatGPT，我们可以借助它来解决这个问题。

提问： 我想靠写作变现，请你介绍几个适合初学者写作的中文平台。

ChatGPT 以下是一些适合中文写作初学者的平台，可以帮助你展示作品、积累经验和尝试获得收入。

1. 知乎：知乎是一个知识分享平台，你可以在上面写回答、撰写文章、发布专栏等。通过分享你的知识、经验和观点，吸引读者的关注，可能获得一定的稿费或打赏。知乎适合分享专业知识、学术知识、实用技能等内容的写作者，它的读者群体对于深度、专业和有实际应用价值的内容更感兴趣。

2. 微信公众号：微信公众号是一个自媒体平台，你可以创建自己的公众号并发布文章。通过定期更新内容、吸引粉丝和与读者互动，你可以积累自己的读者群体，并通过广告、赞助或付费文章等方式实现变现。微信公众号适合个人创作者、各领域专家、生活经验分享者等，你可以选择适合自己的领域，并吸引相应领域的读者。

3. 简书：简书是一个以写作为主题的社区平台，它提供了分享作品的空间。

你可以在简书上发布短篇小说、随笔，或读书笔记，并与其他作者和读者互动交流。简书适合散文、随笔、小说等创意性写作，它的用户群体对于优美的文字、独特的观点和情感共鸣更感兴趣。

4. 豆瓣读书：豆瓣读书是一个读书社区平台，你可以在上面撰写图书评论、读后感、书评等，通过分享你的读书心得和观点，吸引读者的关注和讨论，可能收到出版社或图书公司的合作邀约，请你写书评等，获得一定的稿费或奖励。豆瓣读书适合分享图书评论、读后感、书评等相关内容的写作者，它的用户群体对于文学作品、学术著作和主题阅读有浓厚兴趣。

5. 小红书：小红书是一个以分享生活方式为主的社交平台，你可以在上面分享你的旅行经历、美食评价、时尚心得等。通过吸引粉丝和与粉丝互动，你可以获得品牌合作、广告推广等机会。小红书适合旅行、美食、时尚、生活方式分享等方面的写作者，它的用户群体对于体验分享、购物推荐、生活技巧等内容更感兴趣。

如果你作为写作者，在写作领域已经有了一些成绩，想要出版一本书，但是不知道怎么操作，也可以通过 ChatGPT 了解出版渠道和出版要求。

提问： 我想在中国出版一本简体中文的书，应该怎么操作？

⑨ **ChatGPT**　如果你想在中国出版一本简体中文的书，以下是一些操作步骤和建议。

1. 撰写完整的书稿：确保你已经写完一本完整的书稿。确保内容质量高、结构清晰，并适合目标读者群体。

2. 寻找出版机构：在中国，有很多出版机构可以考虑合作。你可以通过互联网搜索、咨询相关行业人士或参加出版交流活动来寻找适合你的出版机构，了解他们的出版方向、规模、声誉、资源等方面的信息。

3. 提交出版申请：一旦确定了合作的出版机构，你需要按照他们的要求提交出版申请。这可能包括填写选题申请表、书稿样章、作品简介等。出版机构会评估你的作品，决定是否出版。

4. 签订合同：如果你的书稿被接受，你将与出版机构签订出版合同。仔细阅读合同内容，并与出版方商讨版权、版税、印数、宣传等方面的细节。

5. 编辑和排版：一旦合同签订，你将与出版机构的编辑团队合作，进行进一步的编辑和排版工作，包括内容的润色、文字的校对、封面和版式设计等。

6. 印刷和发行：完成审校和排版后，图书将进入印刷阶段。出版机构将负责印刷、装订和包装，并安排发行和销售渠道。你可以与出版方讨论市场推广和宣传的计划。

7. 著作权登记：在出版前，你可以考虑为你的作品进行著作权登记。这可以为你的作品提供法律保护，确保你的权益得到充分保障。

请注意，这只是一个基本的操作指南，具体的流程和要求可能因出版机构而异。建议你与具体的出版机构联系，并咨询他们的详细要求和流程。此外，也可以咨询专业人士，如出版代理人或律师，以获得更专业的指导和支持。

经过测试，ChatGPT 对于一些问题的回答非常专业，如"如何出版一本书"；但是询问平台规则时，给出的答案却比较笼统，需要不断修正提问内容。比如提问豆瓣平台的规则，得到的答案很可能答非所问。出现这种情况是因为提问的方法不对。如果你想在豆瓣写小说，要问：豆瓣阅读的签约要求是什么？

提问一定要具体。问题越具体，答案越准确。

不断反思和修改

写作是一个反复修改的过程。在初稿写作完成后，要检查写完的作品存在哪些问题，并进行修改，使其更加完善。ChatGPT 是非常好用的修改稿件的工具，举个具体的例子，来展示它的作用。

例如，我需要一段写景的内容，但是写出来的内容不够精练，不够优美，甚至可能存在错误，此时可以使用 ChatGPT 进行整体修改。

原文如下。

云宛如小孩儿一般喜欢"哭"，刹那间，晴空万里的天空突然变幻莫测，从金色、红色、紫色、白色、黑色的云朵中飘洒下一阵太阳雨，仿佛天上的彩虹架起了七彩天桥。彩虹与白云交相辉映，如同在舞动。彩云飘过，轻风拂来，河面泛起涟漪，仿佛水中的彩云也融入了欢快的舞蹈。白河的水面上不仅映照出彩云和蓝天，还映照出青山的倒影，增添了一抹碧绿的峭拔。

清澈的白河水面上，早晨的阳光照耀下，彩云在水中更显婀娜多姿、瑰丽迷人。随着轻风拂来，河面上的波纹仿佛在欢乐的舞蹈中跳跃。云、水、蓝天、青山，宛如一幅画卷，在这片水天相映的美景中，彩云倒映着山峰的峭拔，青山衬托着白云的洁白无瑕。

故乡的云与大山息息相关。秦岭的大山高大险峻，被形容为"孤峰突起""盛气凌人""云横秦岭"。故乡的云儿在山间飘荡，早晨，玉带般的白云缠绕在山腰，午后，轻纱般的白云在山巅飞舞。

故乡的云变化多端，傍晚时分，农民归来，坐在门槛上欣赏火烧云。火烧云升腾而起，将半个天空染成火烧般的红彤彤，接着，一朵朵白色、红色、黄色、紫色的云儿出现在眼前。它们有的像呼啸的狮子，有的像奔腾的骏马，有的像棉花团，有的像金山，有的像老人，有的像怪人。

现在使用 ChatGPT 来进行修改。

提问： 请对这段文字进行修改，要求将字数缩短至 200 字以内，突出云的特点，语言优美，逻辑通顺。

⊗ **ChatGPT** 　天空变幻莫测，金、红、紫、白、黑，颜色各异的云朵中飘洒下一阵太阳雨，彩虹架起七彩天桥。彩云飘过，轻风拂来，河面泛起波纹，仿佛跳跃着欢乐的舞蹈。云、水、蓝天、青山，如画卷相映。
故乡的云与大山息息相关。秦岭高大险峻，常被形容为"孤峰突起""盛气凌人""云横秦岭"。故乡的云儿在山间飘荡，早晨，玉带般的白云缠绕在山腰，午后，轻纱般的白云在山巅飞舞。

ChatGPT 修改后的内容，整体上仍旧保留着云的特征，但是语言要简洁得多。如果觉得哪里不符合自己的要求，可以在 ChatGPT 修改的基础上进一步修改，这样会大大节省文章修改的时间。

不过，需要注意的是，ChatGPT 的发挥并不稳定，在进行文章整体修改的时候，写作者一定要做好把控，在它修改的过程中及时反馈问题，并且仔细审查最终的结果，避免它给出存在语句、语法错误的回答。

对于零基础的写作者来说，只要按照以上七个步骤去做，便已经迈入了写作的大门。借助 ChatGPT 辅助写作已经成为一种趋势，既然我们无法阻止它，那么就尝试去拥抱它吧。

02 | 写作的三个核心技能

写作并非易事，我们必须承认，要取得写作成果，需要长期坚持和不断提升。对于零基础写作者来说，最大的难点在于动笔。现在，AI 时代来临，我们不禁要问：未来还需要作家吗？ ChatGPT 已经可以写小说、文案、脚本、剧本等内容了，一些工作，如简单文案编写、素材整理、选题策划，可能会面临被取代的风险。

所以，要成为一位出色的且不被 AI 取代的作家，你需要掌握以下三个核心技能。

创造力

当 ChatGPT 可以完成一些简单、重复的创意作品时，缺乏创造力的作家可能会被淘汰。因此，培养个人的创造力至关重要，创造力将成为作家的最大竞争力。

在未来，写作可能分为三种类型：AI 写作、AI 辅助写作和创造性作家写作。大量 AI 创作出的作品，有可能导致书籍和文章同质化严重，读者对此产生审美疲劳时，创造性作家就有了机会。

人与 AI 的最大区别在于，人类拥有各种思想，甚至能够创造新的思想，而 AI 只能在已有的数据库中提炼和重组信息。

所以人可以创新小说模式、结构，摸索新的写作风格。只要这种模式从未出现过，AI 就无法模仿。这就是未来作家写作的方向，我们思想的独一性和创造力，是 AI 无法替代的。

我们可以让 ChatGPT 成为我们的助手、我们的导师，但是它不能替代我们。

怎样才能拥有创造力？在日常写作中进行刻意练习，可以培养写作的创造力。我们可以尝试以下几种方法。

方法一：脑洞练习。

ChatGPT 给出的脑洞练习方法如下。

提问： 写作时如何进行脑洞练习？

ChatGPT 进行脑洞练习是培养创造力和想象力的有效方式，可以帮助你在写作中产生新颖、独特的想法。以下是一些进行脑洞练习的方法和技巧。

1. 自由写作：选择一个主题或一个词语，开始围绕其进行写作，不受限制地记录你的想法。不要担心逻辑性或连贯性，只需要让思维自由流动，让想法迸发出来。这种练习可以让你的大脑从传统思维模式中解放出来，为创造性的想法铺平道路。

2. 假设和设想：作出一个假设或设想，以此为基础展开你的写作。例如，假设地球上的引力突然消失，你可以写一篇关于人们如何应对这种情况的文章。这种方法可以激发你的想象力，引导你思考不同的情境和可能性。

3. 反转观点：将一种常见观点或情节进行反转，探索其中隐藏的可能性。例如，将童话故事中的反派角色反转成主角，或者对科幻小说中的未来社会进行反向设定。这种方法可以让你看到事物的不同面，并找到新的创作灵感。

4. 随机组合：使用随机的元素进行组合，如随机词语、图片或情节要素，将它们结合起来进行写作。这种方法可以刺激你的大脑，帮助你思考不同的组合方式，发现意想不到的创意。

5. 创造角色：想象一个独特的人物角色，包括其外貌、性格、背景故事、目标等，尝试将这个角色置于不同的情境中，探索他如何应对困难和解决问题。通过创造角色，可以培养你对于人物的洞察力，并丰富故事情节。

综合 ChatGPT 给出的方法，我们可以举个例子。

假设你做了一个梦，梦中是机器人和人类共存的时代，那么怎么根据这个梦进行脑洞练习呢？

首先，你可以创造出几个角色，简单写下这些角色的基础信息，如身份设定、性格特征等，做成人物卡片，通过随机组合的方式抽取其中的一两个角色，将他们置于你的梦境中。其次，根据这些角色的人物设定，进行多元思考，设想根据人物的性格，他们在不同的情境下会做出什么样的选择。再次，适当让其中一个或者两个角色的做法出现反转，如一个角色是懦弱的反派，面对发狂的机器人本该立刻逃离，但是他亲眼看见自己的亲人被杀害，懦弱了一生的人决定在生命的最后时刻不再逃跑，而是奋起反抗，一个出人意料又在情理之中的反转会提高整个故事的可读性。最后，如果你写着写着突然"卡文"了，不知道该继续写什么，可以随机设定几个与前文剧情关联的关键词，不受限制地随意联想，想到什么写什么，不要担心逻辑性或连贯性，只需要一直写下去，你会发现思路会在不知不觉中被理顺，情节自然而然地就写出来了。

方法二：创新写作方式。

除了内容创新，作家与 AI 的区别还在于结构和风格的突破。我们可以尝试创新并摆脱传统写作方式。

举例来说，2022 年的诺贝尔文学奖得主安妮·埃尔诺所写的自传体小说《一个女孩的记忆》，结构与常规小说完全不同。作者以第一人称写第三人的故事，通过叙述小女孩安妮的故事，分析安妮的心理和对安妮行为的评价，创造出与众不同的写作方式。还有一部非常有趣的群像小说《米格尔街》，每个章节写一个人的故事，直到所有人的故事都得以完整呈现，展现出当时殖民地底层人民生活的真实写照。

这些创新的写作方式是目前的 AI 无法实现的，只有成熟的作家才能设计出如此惊艳的结构。

方法三：写出独特的风格。

语言风格是一篇文章中较明显的特点，如幽默风趣、冷静叙述、犀利老辣、清新干净等。每个人都有自己擅长的风格，我们需要找到并放大这种风格，让读者记住。

举例来说，弗兰兹·卡夫卡是西方现代主义文学的先驱和大师，他的小说和短篇故事常常描绘荒诞而压抑的世界，涉及权力、孤独和人类存在的意义。

加西亚·马尔克斯则是魔幻现实主义文学的代表作家，他的作品常常融合现实与幻想，创造出奇幻的情境。

阿来的作品以浓郁的民族色彩和对生态环境的关注而获得赞誉，他的作品常常将神话传说和现实生活融合在一起，展现少数民族的文化传统和命运。

莫言是中国当代作家的重要代表人物之一，他的作品以浓厚的地方特色和对乡土文化的关注而著称，他的小说《红高粱家族》和《丰乳肥臀》等作品中充满丰富的地域气息，有生动的人物形象。

我们阅读这些大师的作品，即便不看作者、不看书名，也能大概分辨得出某一段文本是谁创作的。

但是 AI 不行。

现在的 AI 写作，能够描绘光怪陆离的情节，但是文笔与风格远无法与成熟的创作者比肩。

我们可以看一个例子，同样是写高粱，莫言和 ChatGPT 的行文差距一目了然。

在杂种高粱的包围中，我感到失望。

我站在杂种高粱的严密阵营中，思念着不复存在的瑰丽情景：八月深秋，天高气爽，遍野高粱红成洸洋的血海。如果秋水泛滥，高粱地成了一片汪洋，暗红色的高粱头颅擎在漫漫的黄水里，顽强地向苍天呼吁。如果太阳出来，照耀浩渺大水，天地间便充斥着异常丰富、异常壮丽的色彩。

这就是我向往的，永远会向往着的人的极境和美的极境。

——莫言《红高粱家族》

红高粱，那是一种生命的象征，一片田野的骄傲。当金色的太阳升起，初晨的微风轻轻吹拂过大地，红高粱在阳光的照耀下，散发着迷人的光彩。

站在高粱田的边缘，我感受到一股温暖的气息迎面扑来。那一片片婆娑的红叶仿佛融化了天地间的一切繁杂，只留下了一片宁静和宏大。红高粱们高高耸立，如同勇敢的战士，迎接着每一次风雨的洗礼，展现出强大的生命力。

——ChatGPT

文学鉴赏能力

未来，随着大量 AI 生成的内容出现，对于普通人来说，如何选择阅读材料将成为一项巨大的考验。同时，随着 ChatGPT 等技术的发展，许多文字相关的工作将被自动化技术承担。那么，什么样的人才能在变革中保持价值？答案是具备文字鉴赏能力的人。

在研究 ChatGPT 的过程中，我发现了一个问题：它所写的许多文章看起来很华丽，但仔细阅读时会发现其中有时候存在前后矛盾，或者文章表面上看起来很有道理，但缺乏具体方法和实质内容。

举个例子。

> **提问：**写一篇关于人生选择的文章，告诉读者在面对两难抉择时，到底该怎么选。

> **ChatGPT** 当我们面临人生的两难抉择时，内心常感焦虑困惑。然而，在关键时刻，我们需要冷静思考、审视内心，并采取适当行动。
> 首先，明确价值观和长期目标。确保决定与内心一致，符合核心价值观。
> 其次，深入思考和研究选择。了解所有选项，搜集信息和资源，以做出明智决策。

最后，倾听内心的声音。感受直觉和内心引导，结合外部信息，找到最适合自己的道路。

在决策后，要能够承担责任并接受后果。人生充满不确定性，只有勇敢迈出一步，才能迎接机遇和成长。

两难抉择是不可避免的，但通过清晰思考，忠诚于自己的每个决策，能塑造出真正属于我们的人生。

ChatGPT 生成的内容，初读很有道理是不是？但实际上，代入常见的抉择类问题，比如，面对两所各方面都相差无几的学校，去离家近的还是离家远的？面对两个薪资水平、工作强度、工作氛围都上佳的公司，是选择大城市的，还是返回故乡发展？如果无论哪个选择，都是心之所向，都既有好处也有劣势，此时 ChatGPT 生成的内容就会变成"正确的废话"，缺少实际参考价值。

因此，具备文字鉴赏能力非常重要。这种能力使人能够辨别文章中的逻辑矛盾，并识别文章中的空洞之处。具备文字鉴赏能力的人可以筛选出有价值、有深度、有逻辑的内容，从而提供给读者高质量的阅读材料。

在未来，那些具有超强文字鉴赏能力的人，可能会将 ChatGPT 训练成自己的小助手，为自己提供选题、思路和大纲，能够迅速识别出哪些文字不可用、哪些文字有价值，快速筛选，提高工作效率。

那么，文字鉴赏能力如何培养呢？

答案是大量阅读。

随着阅读的广度和深度增加，对文字的鉴赏能力会提升。在阅读时，我们应尽可能选择经典作品和名著，选择那些经过岁月洗礼，仍然被传承的作品。同时，我们应该多去阅读那些具有创新特点、独特个人风格的作品，尝试接受不同类型的思想。除了文学，最好还可以涉猎哲学、心理学、佛学，以及历史学等领域。长期阅读诗歌对于写作者也非常有益处，诗歌语言凝练，意境深远，对于任何类型的作家，都能提供很大的帮助。

　　AI 的出现可能让许多人过度依赖科技，失去思考能力，甚至放弃阅读，这对作家来说无疑是致命的。无论何时，我们都不能放弃阅读和思考，也不能过度依赖 AI，否则最终我们将被 AI 所束缚。

独特的观察力

　　作家需要具备敏锐的观察力和洞察力，捕捉到人类情感、行为意图和内心世界的复杂性，并将其真实地表达在作品中。这种独特的观察力和洞察力是 AI 难以模拟的，因为它涉及对人类情感的深度理解。

　　那么，如何培养敏锐的观察力和洞察力？我们看看 ChatGPT 怎么说。

提问： 如何培养观察力和洞察力？

⑤ **ChatGPT**　培养敏锐的观察力和洞察力需要积极的实践，以下是一些方法，可以帮助您提升这两个能力。

1. 练习专注：培养专注的能力，将注意力集中在事物、周围的环境和细节上。在观察事物时，尽量排除其他干扰，全身心地专注于所观察的对象。

2. 多角度观察：从不同的角度观察事物。改变位置、角度或观察时间，以便获得更全面和深入的观察结果。尝试换位思考，从他人的角度来观察和理解事物。

3. 练习写作：坚持写日记、随笔或观察记录。通过写作，您可以更加仔细地观察和思考，将观察到的细节、感受记录下来，进一步培养敏锐的观察力和洞察力。

4. 练习绘画：通过绘画来观察和表达。艺术可以帮助您更加深入地观察事物的形态、颜色、纹理等细节，并将其表达出来。

5. 观察身边的人和环境：关注周围的人、事和环境。细心观察他们的表情、姿态、行为和交流方式，倾听他们的言语和言外之意，察觉他们的情感和内心的细微变化。

6. 阅读和学习：广泛阅读各种类型的书籍。阅读可以开阔视野，接受不同的观点和思考方式。学习不同领域的知识，了解不同的文化和历史背景，以丰富自己的观察力和洞察力。

7. 培养批判性思维：质疑和分析观察到的信息和观点，不盲目接受表面现象，而是深入思考背后的原因和逻辑。

通过不断地实践以上方法，我们可以逐渐提升自己的观察力和洞察力。这需要时间和耐心，是一个必须长期坚持的过程。

以上三个要点是在 AI 时代作家必须掌握的核心技能。只要你能做到这三点，你就能击败 99% 的人。成为作家的道路并不坎坷，只要我们坚信自己能够到达终点，我们就能实现自己的作家梦。

03 为什么一定要公开写作？

很多文学爱好者在写作初期不敢公开展示自己的作品，常常担心自己写得不好或不够完美，害怕遭受读者的批评。因此，他们有时会选择将自己的文字藏在文件夹中。殊不知当作家的作品无法得到反馈时，作家很容易失去自信，最终放弃写作。

我曾经遇到一个学员，她写了几十万字的小说，却不敢公开发表。她说："我知道我写得太烂了，不好意思给别人看。"正是这种心理，使得她的作品一直被埋没。后来，我指导她将作品发布到小说网站上，出乎意料，她的第一部作品就被平台签约了。从那时起，她的自信心大增，至今坚持写作，并且已经签约了三四部作品，还担任了无戒学堂的导师和助教。

公开写作需要做到以下几点。

克服自我否定

不要总是自我否定，认为自己写得不够好，害怕受到读者批评等。

不要将不存在的问题当成事实。当你将文字公开发布后，你会发现事实并不像你想象的那样。我还记得刚开始写作时，我最喜欢写日记、随笔和小故事。当我完成一篇文章后，我会上传到简书平台。那时我的文笔不太好，分段有问题，标点符号也用得不准确。但令我感到惊奇的是，大家都鼓励我，甚至给我打赏，没有人苛责我。正是这种鼓励让我有了继续写作的勇气，这就是公开写作的意义。

接受批评

公开写作可能会遭遇批评，接受读者的批评是每个作家都必须经历的过程。你会发现，无论是大作家还是小作者，总会有人不喜欢他们的文字，这是很正常的。而且作为新手作者，写得不够好也是正常的。

新手作者的文章中可能存在很多低级错误，我们可以尝试使用 ChatGPT 解决基本的写作问题，如分段、校对、标点确认、文章分析等，让 ChatGPT 做你的第一位读者，给你提出一些建议。

> **提问：**我写了一篇文章，请你帮我校对一下其中是否存在错字错词、标点符号错误、逻辑错误等。文章如下。
>
> 在浩瀚的自然世界中，有一种生灵，它轻盈而娇美，翩翩起舞的姿态让人陶醉其中。那就是蝴蝶，它们是生命的化身，寄托着无尽的哲理与启示。蝴蝶，从幼小地蛹中孵化而来，蜕变的奇迹始终伴随着它们。正是因为经历了从毫无形态到华丽蝶翼的转变，蝴蝶成了生命的象征。我们是如此渺小，面对岁月的流逝和变迁，而蝴蝶，用自己的存在诠释了生命的多变和无限可能。
>
> 蝴蝶的舞姿，优雅而独特，仿佛在宣示着自由的权利。它们在空中翩翩起舞，毫无拘束地飞翔、　''它们并不畏惧困难和挑战，它们用那柔软的翅膀飞越山川河流，穿越森林和草原，展现出生命的勇气和坚韧。蝴蝶告诉我们，只要拥有一颗勇敢的心，即便面对逆境，我们也能展翅高飞。

> ⑤ **ChatGPT**　在浩瀚的自然世界中，有一种生灵，它轻盈而娇美，翩翩
> 起舞的姿态让人陶醉其中。这种生灵就是蝴蝶，它们是生命的化身，能给
> 人无尽的启示。
>
> 蝴蝶，从幼小的蛹中孵化而来，蜕变的奇迹始终伴随着它们。正是因为经
> 历了从毫无形态的蛹到华丽蝶翼的转变，蝴蝶成了生命的象征。我们是如
> 此渺小，面对岁月的流逝和变迁常有无能为力之感，而蝴蝶，用自己的存
> 在诠释了生命的多变和无限可能。
>
> 蝴蝶的舞姿，优雅而独特，仿佛在宣示着自由的权利。它们在空中翩翩起
> 舞，毫无拘束地飞翔。它们并不畏惧困难和挑战，用那柔软的翅膀飞越山
> 川河流，穿越森林和草原，展现出生命的勇气。蝴蝶告诉我们，只要拥有
> 一颗勇敢的心，即便面对逆境，也能展翅高飞。

　　使用 ChatGPT 修改文章的时候，它有时候会标注出哪一句存在错误，应该怎么修改；有时候则是直接生成修改后的答案，需要我们自己检查哪里出了错误。

　　本例就是直接反馈了修改后的答案，可以看到它将"从幼小地蛹中"错用的"地"修改为正确的"的"；将"''它们并不畏惧困难和挑战"中多出来的单引号删除等。

　　基础的文字处理完成后，再来看看它能否给我们提供更加高级的修改建议。

> **提问：** 请以（1）（2）（3）的形式，指出上段文字的 3 个优点和 3 个缺点。

> ⑤ **ChatGPT**
>
> 优点：
>
> 1. 生动描写蝴蝶的轻盈娇美和翩翩起舞的姿态，让读者能够形象地感受到
> 蝴蝶的美丽和优雅。
>
> 2. 通过描写蝴蝶的蜕变过程，强调了蝴蝶作为生命的象征，展示着生命的
> 多变和无限可能性，给人以启示和思考。
>
> 3. 通过勾画蝴蝶勇敢飞翔的形象，具象化了勇气和坚韧，向读者传递积极
> 的人生态度和信念。

缺点：

1. 在描述蝴蝶的舞姿时，使用了过于普通的形容词，如"优雅"和"独特"，缺乏更具体、生动的描写，可能无法给读者留下深刻印象。

2. 句子结构相对简单，有一些表达上的重复，导致文章的表达方式较为单一，可以尝试使用更丰富的语言结构和表达方式来增加变化和吸引力。

3. 虽然文章提及蝴蝶的存在是短暂而美丽的，但没有进一步展开关于如何珍惜当下、绽放生命之美的思考，这一点可以进一步发挥，使文章更具深度和内涵。

如果我们认同 ChatGPT 给出的修改意见，可以对自己的文章进行相应的修改；如果不认同也完全没有关系，毕竟它只是一个工具，不代表绝对正确。在使用工具进行校对时，仍然需要运用自己的判断力和写作技巧来判断是否采纳它的修改建议。

树立写作自信

很多写作者缺乏写作自信，总认为自己的作品不够好。没有写作自信的作者是走不远的，当你对自己的作品不够自信时，这种情绪会出现在你的作品里，读者也能感受到你的不自信。如此一来，你输出的价值和观点，就不容易被别人接受，因为你都不知道自己说的对还是错。

想要成为作家，必须树立写作自信。

通过提问，可以让 ChatGPT 给我们提供一些提升写作自信的方法。

提问： 作为一位创作者，如何树立写作自信？

ChatGPT 树立写作自信是一个渐进过程，以下方法可以帮助您树立写作自信。

1. 阅读和学习：广泛阅读优秀的文学作品和优秀的写作指南，从中学习不同的写作风格、技巧和表达方式。通过学习和模仿他人的作品，逐渐提升自己的写作水平，增加对自己写作能力的信心。

2. 练习和反馈：持续练习写作，尝试不同的主题和风格，通过不断地写来提升自己的写作技巧和表达能力。同时，寻求他人的反馈和意见，通过他人的评价和建议来改进自己的作品，从中获得正面的反馈，增强自信心。

3. 接受自己的独特性：每个人都有自己独特的写作风格，接受并珍惜自己的独特性是培养写作自信的重要一步。相信自己的观点和想法的独特性，勇于表达自己的思想和情感，不要过于担心他人的评价和意见。

4. 设定目标和挑战自己：设定写作目标，逐步挑战自己。通过不断地设定目标并完成它们，您会逐渐感受到自己的成长和进步，从而树立起写作自信。

5. 坚持和自我鼓励：坚持写作是培养自信的关键。即使在面对困难和挫折时，也要保持写作的习惯，并给自己积极的反馈和鼓励。认识到写作是一个长期的过程，每一次努力和进步都是宝贵的，相信自己有潜力和成长空间。

以我的一个作者朋友为例，在开始写作的很多年中，她都不是一个对自己的文字很有自信的人，她很怕身边的朋友、亲人看到她写的内容，更不敢给比她写得好的前辈看作品、寻求点评，怕自己的文字太差，被别人轻视、鄙夷。

为了克服这一点，她查找了很多树立写作自信的经验帖，归纳起来，与 ChatGPT 给出的方法有非常多的重合。

她开始进行大量的阅读和学习。写作是输出，而阅读与学习是输入，没有输入何谈输出？比如，要写一本以法医为主角的刑侦悬疑小说，就必须阅读大量的同类型优质作品，学习别人的行文结构、人设优点、案情设计技巧；同时，为了保证内容的专业性，必须阅读《法医学杂志》、法医相关论文等材料，努力学习专业知识，并用大量的写作练习，将这些知识融入故事情节。只有这样，在写作的时候才不会露怯。

在阅读的过程中可以发现，不同作者的特点截然不同，有的擅长推进剧情，波澜起伏，一环套一环；有的则擅长细节描写，人物刻画细腻鲜明，即便情节偏简单，只要人物够复杂，仍然会有大量的读者喜欢。由此，写作者要明白，每个人的作品都是独一无二的，不必刻意模仿，要接受自己的写作特色。

　　给自己制定目标，挑战自己，让自己看到自己的进步，对坚持下去也非常重要。

　　我的这位作者朋友的写作之路始于中学时期在网站上连载网络小说，那时候不懂规则，只是闷头自己写，读者只有几十个，每个月收入只有一两百元；大学之后，她开始转写短篇小说，还学会了给自己定目标：每个月一定要写出一篇 8000 字的短篇小说，每年一定要有 5 篇以上成功过稿。在长期坚持下，大三的时候，她已经能够保证每年过稿 10 篇左右，这是一个非常大的进步，给了她极大的自信心。

　　现在她已经毕业多年，不再给杂志写短篇小说，而是重新写长篇小说连载，目标持续升级，比如从签约千字 20 元的保底稿酬，逐步提升到千字 30 元、千字 50 元、千字 100 元……每一次新目标的制定，都是对自己的挑战。

选择适合自己的投稿平台

　　开始写作时，我建议小伙伴们找一个适合自己的写作平台。我们可以尝试在不同平台上发布文章，根据文章的阅读量和读者的反馈来确定适合自己的平台。

　　对于一些入门级的写作者来说，可能对写作平台并不了解。这时可以考虑参加一些写作课程，老师会为你提供关于选择写作平台的指导。如今，我们也可以使用 AI 筛选平台。不同类型的作品，如散文、小说、诗歌、新媒体文或热点文，适合不同的平台。

提问：我想写小说，适合在哪个平台发展？

---

⑥ **ChatGPT**　如果你有兴趣写小说并且希望在某个平台上长期发展，以下是几个适合发表小说和与读者互动的平台。

1. 纸质出版：你可以尝试将你的小说投稿给出版社，争取获得出版的机会。这可能需要一些时间和努力，但如果你的作品被接受，它们将会在实体书店和电商网站上出售。

2. 网络文学平台：在中国，有很多著名的网络文学平台，如起点中文网、纵横中文网、17K 小说网等。这些平台提供了广泛的读者群体和发表作品的机会，你可以在这些平台上发布你的小说，并与读者互动。

3. 自助出版平台：自助出版平台如亚马逊的 Kindle Direct Publishing（KDP）、Smashwords 等，允许作者自行出版和销售电子书。这些平台为你提供了快捷的途径，将你的小说发布到全球市场。

4. 社交媒体平台：你可以使用社交媒体平台，如微博、微信公众号、Facebook 等，建立自己的品牌，通过发布短篇故事、系列小说或其他文章，吸引读者的关注和支持。

5. 个人网站或博客：搭建自己的个人网站，或者运营自己的博客，也是展示和发表作品的途径。你可以在个人网站或博客上发布你的小说章节、短篇故事，或者提供付费订阅服务。

选择平台时，要考虑以下因素：平台是否有庞大的读者群体和流量，是否有良好的作者支持和服务、版权保护措施、稿酬政策等。同时，要确保自己可以在平台上积极互动，与读者建立联系，接受反馈并提升自己的写作技巧。

　　AI 的出现给我们带来了机会，让我们能够更轻松地创作，避免走弯路。一旦找到适合自己的平台，就要坚持深耕一个领域，不断提升自己的能力。

　　不是说一旦确定了平台就不能换，但最好尽量避免频繁更换平台，因为积累读者不是一个简单的工作，重新开始又要花费很多时间。

04 │ 判断一篇文章好坏的七大要素

　　很多作者开始写稿的时候，常常困惑，不知道自己写的稿子是好是坏。那么，评判一篇文章的好坏要从哪些方面入手呢？

语句是否通顺，表达是否完整？

我的职业是写作课讲师，看过上千篇新手作者的作品，这些新手作者存在的共性问题是刚入门写作，语句不通顺、用词不准确、故事表达不完整，以片段化呈现为主。

好的作品，不一定有华丽的辞藻，也可以用简洁的语言把要表达的事情清楚地表达出来；好的作品，不一定是长篇大论，也可以用几百字把要呈现的故事写得引人深思；好的作品，不一定要标新立异，也可以用最常见的叙述方式让读者共情。

新手作者写作时，一定要记得别排斥反复修改。当你不知道你的句子是否通顺的时候，可以尝试大声朗读，朗读的时候，如果发现有句子读起来不顺口，一定是句子不通顺，可以尝试修改。如果自己不知道怎么修改，可以尝试用 ChatGPT 进行优化。

以下是别人给我写的采访稿中的一段，我们让 ChatGPT 帮我们优化一下。

那三年很艰难，她从一个文学创作者变成了一家传媒公司的创始人，不光自己写、开设课程，还找各种资源，带着很多人一起写！有时候，她早晨写作，白天为年度课同学做一天的语音咨询，晚上讲完课，还能再去做直播，半夜都在构思小说。写书、上课、创业、管理团队、学员答疑、拍视频、做直播、剪辑，一天 24 小时，被她过成了 48 小时。

将这段内容发给 ChatGPT，并进行提问。

提问： 帮我优化一下稿子，意思不变。

⑯ ChatGPT　那段为期三年的经历非常艰辛，她从一位文学创作者转变为一家传媒公司的创始人。她不仅自己写作，还开设了课程，并积极寻找各种资源，与众多人共同创作！有时候，她一大早就开始写作，白天为年度课程的学生提供语音咨询，晚上讲课后又进行直播，甚至在深夜思考小说的构思。她的日程安排涉及写作、授课、创业、团队管理、学员咨询、

视频拍摄、直播和剪辑等各个方面。虽然一天只有 24 小时，但她像过了 48 小时一样充实。

这是它给出的答案，我并不满意。于是继续发出指令让它优化。

> **提问：** 继续修改，要求语言精练。

⑤ ChatGPT 　那三年过得艰难却充实，她由文学创作者转变为传媒公司创始人。不仅要创作，还开设课程、寻找资源，带大家一起写作。她早起写作，白天为学生提供咨询，晚上讲课直播，深夜构思小说。写书、上课、创业、团队管理、学员咨询、拍摄、直播、剪辑，她将 24 小时过成了 48 小时。

现在效果好多了。

当我们发出适合它的指令，它是可以给出让你满意的答案的。

但是要注意，ChatGPT 修改后的稿子并不一定是完美的。有时候也存在语句不通顺的情况，以及词不达意、前后矛盾的问题，这时候，需要写作者自己做出判断，并进行修改。

✎ 内容是否有深度？

阅读过许多书籍后，我们会发现并非每本书都有深度，有些书篇幅冗长、废话连篇、信息有限。好的书籍可以分为两类：一类能够赋予读者力量和方向，引发警示和思考；另一类能够提供方法和建议，给出解决问题的思路。

评判一本书的好坏时，关键在于它对读者的改变程度：它是否能准确解决读者的问题，让读者的内心产生震撼和豁然开朗的感觉？是否足够吸引读者反复品读，并从中提炼观点，突破思维局限，改变现状？

有些书籍内容浅尝辄止，似乎说了很多，却没有真正说到点子上。这种情况往往是因为作者缺乏深度思考，未能剖析问题的本质。

优秀的书籍必须能让读者洞察事物的本质，只有透过现象看清本质，才能更好地解决问题。

因此，在写作时，务必培养自己的深度思考能力，让作品更有深度。

提问：怎么能让写出来的内容有深度呢？

⑤ **ChatGPT**　要让自己写出来的内容有深度，可以考虑以下几个方面。

1. 深入思考主题：选择一个有深度的主题，并进行深入思考和研究。了解主题的各个方面，包括历史背景、相关理论、现实问题等，通过广泛阅读、调研、思考，打下扎实的知识基础。

2. 给出独特的观点：寻找与众不同的观点或独特的见解，不仅要从表面看问题，还要深入挖掘背后的本质和深层次含义。尝试从多个角度思考问题，给予读者新的思考视角。

3. 提供有力的论据：在写作过程中，用有力的论据来支持自己的观点。可以引用专家的观点、引用研究数据、提供实例和案例分析等。通过提供可靠的信息和具体的例子，可以增强内容的深度和可信度。

4. 增加个人思考和情感表达：将自己的思考和感受融入写作中，让文章更具个人色彩和情感共鸣。这一点可以通过分享个人经历、情感表达、对于主题的个人反思等方式来实现。个人思考和情感表达能够给内容注入更深层次的内涵和共鸣。

5. 引用经典作品：借鉴经典作品中的深度思考和哲学观点。通过与经典作品对话，能够给予读者更丰富的阅读体验。

6. 反复审查和润色：写作完成后，反复审查和润色你的内容，确保思路清晰、逻辑严谨、表达准确。修正语言上的模糊和含糊不清之处，删减冗余和无关紧要的内容，使文章更加精练有力。

主题是否明确？

优秀的文章必须有一个明确的主题，读者阅读之后能够清晰地了解作者想要传达的观点和思想。许多作者在写作时容易发散，将自己想到的所有内容都塞进文章中，这样的文章没有明确的主题思想，内容泛泛，很难深入挖掘任何一个方面。

我们会发现，那些广为传播的文章都有明确的主题和作者独特的观点，读者读后可以立即提炼出有价值的信息。

对于作者来说，在写作之前，可以尝试先确定文章的主题，再围绕主题进行构思和整合素材。

切记不要将所有素材放在同一篇文章中，对素材进行精心筛选和删减对于作者来说非常重要。

语言是否准确？

优秀的文章常常用简洁的语言准确地表达要写的事情和要传达的观点，让人称赞不已。也许你有过这样的经历：你曾努力想要准确地记录下某种感觉，却无法找到合适的表达方式，但在某篇经典作品中，作家用一句话准确地描绘出了你的内心世界，令你惊叹不已。

这就是准确叙述的魅力。

初次写作的作者，由于词汇量不足，常常无法将思维和笔触同步，导致作品词不达意，令人难以理解。

针对这些问题，我们必须进行刻意练习，平时要注意积累词汇，并尝试用这些词汇来构建句子、描写场景、编写故事。

我们的写作社群中进行过一项训练，即每天找一个喜欢的词语或成语，用它来造句或编写故事。经过一段时间的练习，大家的写作水平明显提升，词汇量也显著增加。

如果你已经开始写作，并且正在积累词汇，但在写文章时仍觉得找不到准确的词语，可以尝试使用 ChatGPT 突破瓶颈。将你想要表达的感觉发送给 ChatGPT，让它为你提供描绘这种感觉的句子和词汇，有助于帮你克服初期无法准确表达的障碍。

比如我想描写痛苦到麻木的感受，但是不知道怎么形容，就可以这样提问。

> **提问**：描写极度痛苦、痛苦到麻木的感受，要求 100 字左右，用散文叙述的方式，语言要美，句子要精练。

> ⑤ **ChatGPT**　极度的痛苦，如刀锋穿透灵魂，酿成无尽苦楚。痛至麻木，如瘫坐荒野，失却呼吸与感觉。万千黑暗织成囚牢，囚禁着心灵。无边的绝望漫溢，像悲歌困于咽喉。无法述说的痛，无言地割裂着每寸肌肤。

看得出来，这段描写的水平还不错，能够很好地解决词穷的问题。同时，我们也可以根据它写的句子，积累词汇。

价值观是否积极向上？

有些作品看似写得很出色，但读者阅读后可能会感到更加难过，对未来失去希望，甚至对人生感到绝望。

这样的作品是毫无价值的。

我一直在思考：作家写作的意义是什么？

我认为绝大多数作家写作的目的是影响他人，让更多人过得更好、活得更快乐。

然而，有些人可能会问：如果所有作品都以大团圆为结局，那么写作不同作品的意义在哪里？我并不是说不可以写黑暗、人性、悲剧，而是要让人们了解悲剧发生的原因，避免悲剧重演，并且要揭示人性的丑恶，以促使生活变得更加美好。

《活着》是一部典型的悲剧作品，虽然它是悲剧作品，但通过描绘主角悲惨的一生，告诉读者，在那样一个年代，国家困苦、人民困苦，每个人依然努力活着，而我们现在生活条件、物质条件更好，什么都不缺，是不是更应该好好活着，活得更好？

你看，即使是悲剧作品，也可以传递积极的价值观。

作品的价值观很容易影响读者的人生。年少时，我阅读了许多"青春疼痛文学"，它们对我产生了深远的影响，导致我常常认为颓废和痛苦是人生常态。这些作品中有很多关于自杀的描写，受这种价值观的影响，我甚至对死亡充满向往。

这就是负面的价值观对读者产生的影响。

我认为优秀的作品，不论是悲剧还是喜剧，都应该给读者带来希望，而非诱导读者对这个世界绝望。

观点挖掘是否深入？

有些作品表面上看似乎很有道理，但当我们深入思考时，会发现问题解析过于浅显。例如，我写过一篇关于高额彩礼的文章，批评家乡人将嫁女儿视为卖女儿的行为，我主张只要女儿幸福，父母不应该索要彩礼，彩礼问题就能解决。

然而，事实并非如此简单。高额彩礼背后存在很多原因，如历史背景和男女比例失调。女孩长大后远嫁他乡，许多男孩找不到媳妇，为了娶到媳妇，家人只能支付更多彩礼。因此，将问题归咎于女孩父母是不全面的。

当我的观点引起读者质疑时，我才意识到自己的狭隘。因此，优秀的作品要能客观全面地分析问题，避免主观偏见。

对读者是否有用？能否引起共鸣，帮助读者做出改变？

不论你写的是新媒体文章、故事、散文，还是小说，一个作品是否优秀，重要标准之一是读者能从中获得什么。

对于写作方法类的作品来说，作者必须提供具体方法，避免泛泛而谈。对于故事和小说来说，读者应通过作品感受到作者所传达的思想，并对自己的生活和行为进行反思。

　　我曾出版一本名为《余温》的小说，许多读者反馈，说读完这本书后决定与原生家庭和解，重新开始生活。最近我出版的一本书《云端》，让许多读者意识到网络暴力的危害，不能做杀人于无形的杀手。

　　当你不确定一篇文章是否为好文章时，可以通过以上七点进行验证和判断。这不仅可以帮助你评估作品的质量，还可以辅助你修改作品，让你知道如何写出优秀的作品。

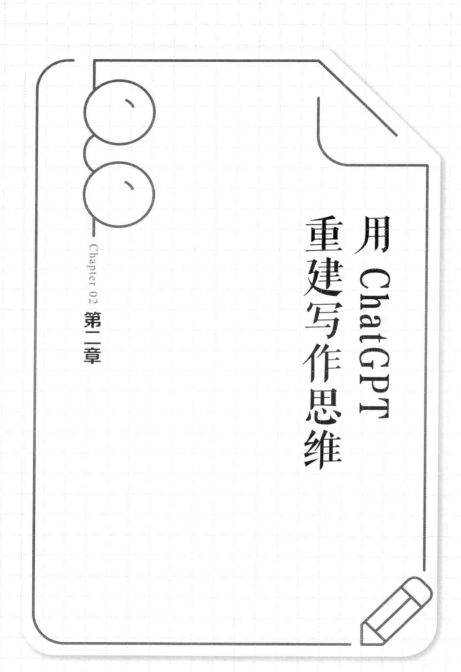

用 ChatGPT
重建写作思维

01 为什么说作者必须有写作目标?

在写作之前,思考为什么要写作是至关重要的,只有找到写作的意义,才能更好地坚持下去。许多作者无法持续写作的根本原因就是他们不知道为何而写,缺乏明确的写作目标。刚开始写作可能是出于兴趣,随着时间推移,写作的热情可能逐渐消退,便失去了持续写作的动力。

大多数人开始写作是为了记录生活。

如果是为了单纯地记录,只需要将你想表达的内容写出来即可,不需要考虑读者,也不需要考虑文字对他人的价值,只要你认为你的记录有意义即可。

但如果你的写作目标是成为作家,你必须明白,要成为作家,你必须写出对他人有价值的作品,要写出读者喜欢且满足市场需求的作品。确定了成为作家的目标后,你必须意识到写作是一生的事业,要有长期主义思维,让写作成为你的生活习惯。成为作家的道路并非一帆风顺,可能会面临各种困境和瓶颈期,许多作者因此放下了手中的笔。一旦我们明确了成为作家的目标,就相当于提前预知了这些困境,当困境出现时,目标会成为我们坚持下去的动力。

曾经有一段时间,我差点放弃写作。那时,我已经写了五年,与我一同写作的一些同行者已经出版了好几本书,我却一直遭遇退稿。我失去了信心,陷入强烈的自我怀疑之中,差点放弃写作。然而,就在那时,我想起了自己的目标——成为作家,用一生的时间去创作。既然要写一辈子,何必在乎这几年呢? 只要坚持去写就可以了。

你看,这就是确定写作目标的意义,它能在我们迷茫时为我们指引方向。

有人写作是为了疗愈情绪。写作是心灵的良药,能够治愈内心的创伤。在心理学中,有一种专门的治疗方式被称为写作疗愈——当你内心充满负面情绪无法释放时,可以通过写日记的方式倾诉,用文字表达你的不满、痛苦、悲伤,以及对不公平的抗争。情绪得以宣泄,抑郁状态会得到缓解。

作为讲师,我遇到过许多通过写作疗愈自己的案例。其中之一的主人公是一个长期受母亲控制的人,长大后无法处理好自己的人际关系,深陷困境。通过写作,她不断反思,深入剖析自己和母亲的关系,并逐渐改变了现状。在此之前,她与孩子的关系极差,通过写作,她意识到自己变成了第二个"母亲",明白了与孩子关系不好的根源在自己。她决定做出改变,亲子关系得以改善,生活也逐渐变得光明起来。

还有一位学员,她在 40 岁时生了二胎,患上了产后抑郁症。后来她开始写作,不仅郁症得到治愈,还成了几个平台的签约作家。

有人写作是为了赚钱,实现变现。一旦你决定通过写作赚钱,你就需要深入研究市场规律、平台规则、读者喜好等。目标明确后,可以围绕这个目标努力,目标更容易达成。

如果没有明确的目标,你容易偏离方向,例如,有些人喜欢写小说,却一直在新媒体领域发展;有人想成为作家,但从未完成一部完整的作品;有人想通过写作赚钱,却选择了纯文学领域。这就是目标不明确的结果,虽然你在努力,但方向错误,就很难得到想要的结果。

如果你想通过写作赚钱,你可以选择写新媒体文章、带货文、个人品牌故事、热点文章等,你可以选择那些根据阅读量做收益分成的平台,也可以选择稿费较高的投稿平台,或者盈利较好的网络文学平台等。这些平台的内容需求量极大,只要有足够强的输出能力,通过写作获得的收入非常可观。

写作者想要靠写作赚到更多的钱,一方面需要提高笔力,让自己的文字更值钱;另一方面,需要让自己的效率更高,在相同的时间内写出更多的文字。前者是一个漫长的、逐步提高的过程,无法速成;但是后者,只要掌握一定的方法,完全可以让自己的写作效率成倍提升。

例如,现在 AI 兴起,写作者可以借助 ChatGPT 提供的思路,提高写作速度。

以写文案为例,介绍一下具体操作方法。

假设客户要求你写一篇关于写作的文案,使用 ChatGPT,可以高效搞定。

提问: 从作家角度,写出写作的好处。

ChatGPT　写作的好处如下。

1. 创作技巧的提升:通过不断写作,作家可以不断锤炼自己的写作技巧,包括描写、对话、情节构建等方面的能力。随着时间的推移,作家的写作水平会不断提高,更加熟练地表达自己的思想和情感。

2. 视野的开阔:写作是一个探索世界和思考人生的过程,作家需要进行广泛的阅读和研究,以积累知识、开阔视野。这种积累和思考会深刻影响作家的创作,使其能够创作出更加丰富和深刻的作品。

3. 独立思考和表达能力的培养:写作要求作家有自己独特的观点和思考能力,能够独立思考问题,并通过文字表达出来。这种独立思考和表达能力对于每个人来说都至关重要。

4. 影响力和社会责任感的提升:作家拥有一定的影响力和社会责任。通过写作,作家可以传递自己的思想和价值观,引发读者的思考和共鸣。作家创作的优秀作品可以成为社会文化的一部分,对社会产生积极的影响。

根据这个思路,再结合客户要求进行创作即可。这样就节省了从无到有的梳理思路的时间,大大提高了写作效率,更容易实现靠写作变现的目标。

当然,写作目标并非一成不变。有时我们开始写作只是为了倾诉和疗愈自己,后来却发现自己对写作产生了热爱,希望成为作家。在不同阶段,写作目标的变化是完全可以的。然而,无论怎样,我们都需要时刻明确自己当前的写作目标。

明确写作目标有以下几个好处。

明确写作内容和主题

许多作者在开始写作时，不知道要写什么，涉猎各种类型，写了许多作品，却没有获得收益，让写出来的内容都成了废稿。如果一开始就明确写作目标，如确定自己就是要写小说、写观点文章、写故事等，就可以根据目标准备素材和内容，更容易取得成果。我曾遇到一位学生，她写了 80 万字，却没有任何成就，我好奇地阅读她的作品，发现她什么都写，但都不够深入。后来，她参加了我们的写作课程，开始专注写小说，一年内，同样写了 80 万字，签约了豆瓣阅读和番茄小说，通过写小说实现了写作变现。这就是明确写作目标的好处。

找到受众群体

不同的受众群体喜欢不同的作品。明确写作目标有助于找到适合自己的写作平台，每个平台的受众群体都不同，我们需要根据自己的文章风格和写作方向，找到适合自己的受众群体，作品才会有更大的传播力。

提高写作水平

明确写作目标后，可以有针对性地深入了解专攻的领域。例如，你喜欢写小说，并决定在这个领域深耕，就可以有意识地练习写小说，研究优秀小说的结构，提高人物塑造、情节构思等方面的技巧。其他方向也是类似的，你喜欢写文案，就需要研究文案的结构、爆款文案的特点、开头和结尾的写作技巧，以及产品的植入技巧等。

🖊️ 给予自己坚持的动力

有时候，当我们未得到预期的结果时，就很难坚持下去。一旦明确写作目标，便可以将大目标分解为小目标，这样更容易获得成就感，从而更好地坚持下去。例如，我的目标是成为一名小说家，有了这个明确的写作目标后，我只需要每年完成两部作品就足够了。只要我每年能够写完两部小说，我就知道自己迟早会成为小说家。

🖊️ 更好地优化作品

明确写作目标后，我们可以向着小目标努力，及时进行复盘和总结，并根据结果不断优化作品，这也有助于提高写作水平。

在我指导过的学生中，大多数放弃写作的同学，都是因为写作的目标和未来想要的结果并不明确。因此，在你开始写作时，一定要多问问自己：为什么我要写作？我希望写作带给我什么？我要写作多久？我能坚持多久？

只有始终清楚自己当前的写作目标，才能更有针对性地努力，并取得更好的成果。

02 | 写作为什么需要读者思维？

在写作的过程中，许多作者发现他们无法坚持写作的根本原因是缺乏读者的反馈——充满热情地写了很长时间，却没有人欣赏，很容易陷入自我怀疑和自我否定的情绪中。

那么，为什么作品没有阅读反馈或者阅读量低迷呢？其根本原因在于，很多作者在写作时没有与读者形成双向沟通。

写作不仅需要从作家的角度看问题，还要站在读者的角度思考。作家需要了解目标受众群体，知道他们喜欢什么样的文章。只有作品符合市场需求，才有可能被广泛传播。

新手作者在写作时，常见的问题如下。

一、只关注自己的情感倾诉需求，忽视读者的阅读需求

大多数新手作者开始写作时，所写的内容只与自身相关，无法引起他人共鸣。我经常听到新手作者抱怨自己的作品很出色，但没有人欣赏，然而，当我阅读他们的作品时，发现实际情况并非如此。他们写的是自己的故事，可能个人情感很深，但作为读者，我毫无阅读兴趣。

无论你写什么样的文字，都要记住，不要只满足于自我欣赏，除非你写作的目的就是倾诉和治愈自己。如果你想成为作家或者在新媒体领域发展，你必须具备读者思维。

什么是读者思维？

读者思维是指站在读者的角度去思考、去写作的思维。作者需要考虑读者的需求、兴趣和期望。

当我们阅读一本书时，作为读者，我们总是希望这本书能够帮助我们解决现实生活中的问题，给我们提供实用的方法，或者启发我们进行思考。有时，我们还希望通过阅读故事来体验情感上的共鸣，了解某件事情的来龙去脉。

我们经常看到，一些热门文章的阅读量很高，这是因为热门话题是大众关注的，许多人想了解其中的真相和背后的故事。

现在我们就以热点文为例分析一下。

以前，要迅速写出一个热门事件的相关文章并不容易，但现在我们可以借助 ChatGPT 等工具来快速收集素材，轻松写出热点文章。

先来了解一下热点文的整体写作思路。

> **提问：** 热点文的整体写作思路是什么？

⑤ **ChatGPT** 热点文是指以当前社会热点事件或话题为素材的文章。它旨在抓住公众关注的焦点，表达作者对该事件或话题的见解和思考。下面是热点文的整体写作思路。

1. 捕捉热点：选择一个当前引起广泛讨论和争议的热点事件或话题，可以是社会、政治、科技、文化、娱乐方面的事件，也可以是关注度较高的社会现象。

2. 深入了解：对所选热点事件或话题进行深入研究和了解。收集相关信息、数据和观点，了解不同立场和意见。多方面的了解，可以为你的文章提供更全面的视角。

3. 确定观点：基于你对热点事件或话题的研究和理解，明确自己的观点和立场。想清楚你的观点是否与主流舆论一致，以及你对问题的看法和解决方案。

4. 结构安排：构思文章的结构和组织方式。可以使用问题－论点－论据－结论的经典结构，或是通过引用事实－引用专家观点－讲述个人经历等方式展开。

5. 引起兴趣：开篇要引起读者的兴趣和好奇心。可以采用引用、故事、引发疑问等手法，吸引读者继续阅读。

6. 论述观点：在文章的主体部分展开论述，提供相关的数据、专家观点、实例来支持自己的观点。

7. 对立观点：在表达自己观点的同时，也要考虑到对立观点的存在。可以选择性地引用对立观点并进行反驳或辩解，展示你的观点的合理性和可信度。

8. 总结观点：在结尾部分对文章进行总结，并强调自己的观点和看法。可以用简洁有力的语言概括观点，并鼓励读者思考、讨论或呼吁采取某些行动。

9. 语言表达：注意语言的准确性、简洁性和清晰性。避免使用含糊不清的叙述，而是用具体、生动、有力的表达来增强文章的说服力。

10. 修订和编辑：完成初稿后，仔细审查、修订。注意清除语法错误、逻辑错误、表达不清等问题，以确保内容流畅、连贯。

在写作热点文时要保持客观，进行理性且有深度的思考，为读者提供有价值的观点和见解，引导他们思考和参与相关讨论。

作为写作者，如果你不太了解某个文体的写作技巧，但是很想尝试去写一写，就可以借助 AI 了解基本的写作思路。不仅仅局限于热点文，任何类型的文章，AI 都可以给出很详细的写作思路。

确定写作思路之后，再借助 AI 查一下最近有什么热点。

由于 ChatGPT 通用版是在 2021 年 9 月停止训练的，所以它无法直接提供最新的时事热点，如果通过各个平台的热搜榜单等查找热点新闻，费时又费力，这个时候，我们可以使用 Bing 内嵌的 AI 聊天工具来查找信息。

比如，搜索最近一个月国内的娱乐热点新闻，Bing 的 AI 反馈如下。

如果要查找其他领域的热点内容，在对话框中直接提问，AI 会迅速给出相应的答案。

此外，我们可以使用 AI 预测热点，比如写电影相关的文章，可以提前了解即将上映的电影，收集相关素材，提前准备稿件。

将 Bing 内嵌 AI 聊天工具与 ChatGPT 结合使用，可以获得更好的效果。

二、按照自己的理解写作，忽视读者的阅读感受

我们不仅要会写作，还要跟上时代的发展步伐。我参加过某个文学

协会，其中的会员总是按照传统的思维模式创作，与时代脱节，并不关注现实。还有一些学者用自以为高深的文字写了许多作品，结果没有人能读懂，他们大骂读者没有水平和眼光。

这样的作者太多了，在新媒体圈子里，很多人一边模仿爆款文章，一边抨击爆款文章毫无价值。事实上，所有爆款作品背后都存在着爆款逻辑，这个逻辑就是了解读者想要看什么、喜欢读什么，以及他们关注什么内容。

我们不能总是带着偏见看待新媒体上的爆款文章和爆款网络小说。有些作者之所以能写出爆款作品，是因为他们了解读者的思维逻辑。

如果想写出经典之作，需要看 1000 册经典书，研究经典作品的共性。

如果想写出爆款文章，需要拆解 100 篇爆款文章的结构和写作框架，研究读者为什么喜欢转发它们。

当你学会了深度分析，了解了爆款逻辑之后，不论你写什么作品，都会有人喜欢。

如果你想分析爆款作品，但不知道从何开始，可以借助 ChatGPT。它可以为你提供爆款选题和撰写思路，帮助你更好地创作。

你可以输入指令，让 ChatGPT 帮你分析某本书畅销的原因。

提问： 分析《追风筝的人》畅销全世界的原因。

ChatGPT 《追风筝的人》是卡勒德·胡赛尼（Khaled Hosseini）所著的小说，出版后迅速在全球范围内取得了巨大的成功。以下是《追风筝的人》畅销全世界的几个可能原因。

1. 独特的故事情节：《追风筝的人》以阿富汗为背景，讲述了两位主人公的跨代友谊和复杂的人际关系，涵盖了家庭、友情、背叛、救赎等多个主题。小说情节扣人心弦，跌宕起伏，同时充满情感张力和戏剧性，吸引读者关注，引发读者共鸣。

2. 深入描绘人性和情感：小说以第一人称叙述的方式展现了主人公的内心世界和情感变化，以及他与周围人物之间的纠葛。对人性的细腻描绘和对情感的真实表达引发了读者的共鸣，使他们能够在故事中找到自己的情感体验和思考。

3. 文化和历史背景的吸引力：小说背景设定在阿富汗，展示了该国多年来的战乱、动荡和社会变迁。通过对阿富汗文化和历史的描绘，读者可以了解一个陌生而又充满魅力的国家，这种异域情调为故事增添了独特的吸引力。

4. 主题的独特意义和普遍性：《追风筝的人》触及了一系列具有普遍性特征的主题和人物关系，如友谊、道德选择、个人成长、父子关系等。小说通过讲述个体经历来探索这些主题，呈现人类共通的情感和价值观，使得读者能够在不同文化和背景下产生共鸣。

5. 精心构建的人物形象：小说中的人物形象鲜活而立体，具有丰富的个性和复杂的情感。读者能够与主人公和其他角色建立情感上的联系，被他们的故事所打动。

6. 作者的叙述风格独特：卡勒德·胡赛尼的叙事风格简洁而生动，语言质朴而富有感染力。他善于通过生动的描写和真实的对话来吸引读者，并使他们沉浸在故事中。

这是 ChatGPT 给出的答案，根据这个答案，我们可以轻松地发现这部作品畅销的原因是情节有吸引力、故事有普世价值、语言有特色、背景设置有文化和历史底蕴、人性部分写得很深刻等。

了解经典作品值得我们学习的地方后，我们可以进一步研究和深读这本书，学到方法，在自己的作品中应用。

阅读一个故事时，读者可能希望从中获得启示。因此，在写故事时，我们应该选择具有代表性的主人公，表现某个群体、阶层或职业人群的生活，这样的作品更容易传播。

写小说时，我们应该多关注大众关注的事情，涉及大众讨论的事件，例如，校园霸凌、网络暴力、天价彩礼、婆媳矛盾、女性权益、男女平等、延迟退休、人工智能、夫妻关系等。只要我们关注的是大家普遍关注的话题，我们的作品就会有市场。

前文讲了没有读者思维的缺陷，那么，具备读者思维后，随之而来的好处有哪些？

作品更容易传播

站在读者的角度思考和写作时，更容易触及读者的内心，引发共鸣，满足他们的需求和期望。比如，写关于外卖小哥的故事，以外卖小哥的视角展现他们工作的艰辛，希望大家能给予他们更多的理解，外卖小哥看到有人为他们发声时，他们会愿意转发并留言支持。这就是读者思维的力量。

获得忠实读者群体

用读者思维创作内容，能够与读者建立更紧密的联系。当读者发现你的作品与他们的关注点和兴趣相符时，他们会成为你的忠实粉丝，持续关注你的作品并支持你的创作，成为你的作品的稳定的读者群体。

提高作品的影响力和认可度

拥有读者思维，意味着你了解读者的需求和期待，并致力于让作品契合他们的关注点和兴趣点。当你的作品能够解决读者的问题、提供实用的信息，或带来思维上的启发时，它会在读者中间产生更大的影响力和认可度。

总之，拥有读者思维能够帮助你创作出更具吸引力、更有价值的作品，扩大作品的传播范围，获得忠实的读者群体，同时提高作品的影响力和认可度。

那么，应该怎样培养读者思维？

还是先来看看 ChatGPT 怎么说。

> **提问：** 怎么培养读者思维？请介绍具体的、详细的方法。

> ⑤ **ChatGPT**　要培养读者思维，可以尝试以下具体方法。

1. 研究目标读者：了解你的目标读者群体，包括他们的兴趣、偏好、年龄、文化背景等。通过市场调研、社交媒体分析、读者反馈等方式收集信息，可以更好地理解他们的需求和期望。

2. 读者角色扮演：将自己置于读者的立场，以读者的眼光审视作品。想象自己是第一次读这篇文章的人，思考自己会对内容有何反应，是否能够理解和接受。这有助于发现潜在的问题和改进空间。

3. 广泛阅读：阅读各种类型的作品，包括小说、散文、新媒体文章等。通过接触不同的作者和写作风格，了解他们是如何与读者建立联系、引起共鸣的，从中汲取灵感和经验，提高自己的写作技巧。

4. 分析优秀作品：选择一些广受欢迎和备受赞赏的作品，对其进行深入分析。思考作者是如何通过优化故事结构、塑造人物、发展情节等手法吸引读者的。从中学习和借鉴，应用到自己的写作中。

5. 与读者互动：积极与读者进行互动和交流。通过社交媒体、博客评论、邮件反馈等方式，与他们建立联系，了解他们的想法、意见和反馈，从中获取宝贵的建议和改进方向。

6. 参加写作社群：加入写作社群或参加写作工作坊，与其他写作者进行交流和讨论。在这样的环境中，可以分享自己的作品，接受他人的评价和意见。从他人的角度了解自己的作品，开拓思维，提高写作技巧。

要养成读者思维，第一件事是确定自己的读者群体，你的读者是中学生、大学生，还是上班族？是学历水平偏低的人，还是需要具备某一行业的专业素养的人？他们接受的是传统教育，还是有留学背景？只有知道自己的读者是谁，才能更好地了解他们，进而写出他们喜欢的内容。

判断读者是否喜欢你写的内容，一个非常有效的办法是收集读者反馈，比如在文章的最后，留下一个问题和读者讨论，根据反馈结果写下一篇稿子或者小说的下一个章节。也可以建立读者群，让读者可以直接与作者沟通，包括提供反馈、提出问题、分享阅读体验和建议，并与其他读者交流。这样作者就能第一时间了解读者的需求，有利于在下一部作品中改进。

我的小说《云端》上市之后，我建了一个 1000 人的读者群。在小说共读结束之后，我们开了一个线上研讨会，在会上，读者根据自己对《云端》这本书的理解，提出了各种问题，研讨会结束之后，我有一个很大的收获，就是作品中一定要塑造一个读者非常喜欢的人物形象，这对读者来说有极大的吸引力。

这就是读者反馈的用处，能够让我们更好地创作，写出让读者更喜欢的作品。

综上所述，写作者在写稿子之前要问自己三个问题：

我的稿子是写给谁看的？

我想要表达什么？我在替谁发声？

我的作品能够给读者带来什么样的改变？

想明白这三个问题，就可以开始动笔写了。

03 | 写作者在悦己和悦人之间怎么取舍？

在我做写作课讲师的这些年里，经常被问到一个问题：写作要取悦读者还是取悦自己？

这个问题困扰了我很长时间，一开始我认为写作是自由的，作家不应该为了取悦读者而写一些虚伪的文章。然而，当我坚持悦己写作时，我发现仅仅追求个人的喜好并不能创作出广受欢迎的作品。

经过深思熟虑，我找到了一个答案，那就是在取悦读者和取悦自己之间寻找平衡点。

在写作中，常见的误区之一是有些作者将作品质量不佳归咎于没有取悦读者，或没有追求热点话题，这种观念是错误的。我们必须清楚地了解自己的写作水平，认识到自己的不足，才能有针对性地进行练习，提升写作水平。

另外，一些作者喜欢追随潮流，看到别人写某种类型的文章阅读量很高，明明自己并不擅长，也跟着去写，结果不尽人意。失败后，他们又选择了另一个看起来比较容易、赚钱快的方向继续模仿，结果仍然不如预期，进而陷入焦虑和困惑的循环，无法专注、专心地创作。

明确自己的写作目标非常重要，这一点，我们在前面的章节中已经提到过。但如果我们在一个领域中写了很多文章，却没有多少人读，在这种情况下，我们应该怎么做？是否应该跟随潮流改变方向？

这个问题困扰着很多人。

当你不得不违背自己的意愿写作时，会感到痛苦，我相信大部分作者都有过这样的感受。

面对这种情况，我们究竟要怎么做呢？我有以下几个原则要跟你分享。

绝不违心创作

作者创作时如果只考虑读者，很容易丧失创造力，而且一味地去迎合读者，或者为了阅读量而写作，会失去写作的快乐。我始终认为，无法按照自己的意愿创作，很难写出好作品。

因此我建议作者在写作的时候，要选择自己喜欢的领域。任何言不由衷的作品，都无法写出真实的感受，作品会失去灵魂，而且，这样很容易对写作产生厌恶情绪。写作的前提是作者自由地表达自己想要表达的观点、传递自己认可的价值观，只有这样，写作才能更长久，才能写出更好、更深刻的作品。

不要去不擅长的领域写作

在写作的过程中，选择不同赛道、不同领域，获得结果需要的时间完全不一样。有些赛道更容易变现，一些作者容易被眼前的利益诱惑，选择自己并不擅长的领域，比如，在我带学员的过程中，就看到有人放弃小说写作而去写新媒体文章。该学员擅长小说写作，进入新媒体赛道之后，虽然一直写，却没有办法像别人一样在短期内获得成绩，于是更焦虑了。而且新媒体写作对他来说是个陌生的领域，他需要从头开始，浪费了许多时间，却没有得到想要的结果，不仅写得痛苦，而且举步维艰、进退两难。写作者一定要明白自己的天赋所在，在自己有天赋的领域里写作，才能更快速地成长。

一定要满足读者需求

作者需要明确自己的写作目标，并了解读者为何选择阅读自己的作品。在前文中，我们提到读者阅读一本书通常是为了获取价值、方法、共鸣等方面的内容，因此，当我们撰写文章时，绝不能泛泛而谈。以干货文为例，我看过很多人写的干货文，只是进行分析，没有具体的方法，而这类文章的价值恰恰在于提供实用的方法，供读者参考使用。

做好市场调研

在写文章时，你需要了解自己的读者群体，并根据他们的需求确定选题。比如，写关于女性的话题，需要了解女性最关注的领域。那么，如何进行市场调研呢？可以在读者群体中收集大家最想了解的问题。

我非常喜欢的作家庆山有个习惯，即在微博上收集读者的问题，并对这些问题进行答疑。这些答疑的内容经过整理，被写成一本非常受欢迎的书，名为《心的千问》。

当我写关于写作的文章时，我会选择与写作者普遍相关的问题，具体问题具体分析，这样的文章往往受到同样有写作者身份的读者的欢迎。

在开始写一本小说之前，我会把我要写的书的主题和想法在读者群中公布，询问大家是否感兴趣。通过调研，可以了解读者的需求，从而写出受喜欢的作品。

除了上述常用的方法，我们还可以借助 ChatGPT 了解某一群体常见的问题，并围绕这些问题撰写文章。

比如，你想写一本关于写作的书，你可以向 ChatGPT 提问。

提问： 我想写一本关于写作的书，帮我提出 10 个与写作相关的痛点问题。

---

⑤ **ChatGPT** 以下是 10 个可能会出现在写作过程中的问题。

1. 如何克服写作拖延症，提高写作效率？

2. 如何应对创作灵感枯竭的问题，找到新的写作灵感？

3. 如何在写作中保持连贯性和流畅性？

4. 如何处理批评和拒绝，克服写作过程中的负面情绪？

5. 如何优化文章的结构，使其更具吸引力和可读性？

6. 如何找到适当的语言和风格，以满足目标读者的需求？

7. 常见的写作误区有哪些？该如何避免？

8. 如何提高表达能力，使作品更加生动有趣？

9. 如何解决写作中的信息整理问题，确保内容准确可靠？

10. 如何解决写作中缺乏自信的问题，提高写作的质量和自我评价？

这些痛点提炼非常准确，做写作课老师这些年，我发现这些问题确实困扰着很多作者。针对这些痛点写稿子，读者大概率会喜欢。

根据读者需求进行创作，能够帮助我们写出更容易传播的文章。

🖋 列举接受改变和不接受改变的内容

为了增加作品的阅读量、优化作品的传播效果，我们需要做出一些改变和妥协，但并不意味着完全放弃原则，比如，我们可以列举出接受改变和不接受改变的内容，如下所示。

接受改变：

使用更吸引人的标题，以增加阅读量；

进行读者调研，根据他们的需求撰写文章；

调整写作结构，以更好地传达观点和信息；

……

不接受改变：

使用夸大事实的标题，误导读者；

编造事实或盲目追求热点和流量；

写作时违背自己的价值观；

写自己完全不熟悉的领域的文章；

……

在写作过程中，我们不仅要承担作家的责任和使命，还要紧跟时代和市场的趋势，只有这样，我们的作品才能被注意到，才能更好地传播出去。

Chapter 03　第三章

用 ChatGPT 快速搞定选题

01 ｜ 不知道该写什么，怎么办？

拥有源源不断的灵感对于作者来说至关重要，很多作者写一段时间之后，就不知道该写什么了，由此陷入焦虑状态，痛苦不堪。

不同作者无法继续写作的原因不尽相同，在我教写作的这些年，为学员答疑上千场，总结起来，大家写不下去主要有以下几个原因。

身边的素材写完了，没有新素材

这是出现频率最高的无法继续写作的原因，很多写作者问我：我把身边的故事写完了，接下来不知道要写什么了，怎么办？

一定要记住，作家的基本能力之一是创作能力，写作不能脱离现实生活，但是也不能完全依赖现实生活。

创作能力，在日常写作中要刻意练习。写作中常见的一种形式是虚构，我们想要写一部小说，有主题，没有原型，便需要根据主题虚构一个人物、虚构一个背景，虚构一些故事情节来表现主题。

让 ChatGPT 来提供一些具体的方法来练习虚构写作。

> **提问：** 如何练习虚构写作？请介绍具体的方法。

> **ChatGPT** 练习虚构写作时，以下是一些具体的方法，帮助你提升创作能力。
>
> 1. 写作练习：每天安排一段时间进行写作练习，可以描述一个场景、描写一个人物、构思一个故事情节等。尽量保持连续练习，并逐渐增加写作的难度。
>
> 2. 角色练习：虚构一个人物，深入探索他的个性、背景、目标和心理。写下关于这个角色的详细描述，包括外貌特征、喜好、家庭背景等，并尝试让角色面临挑战、冲突或变故，思考他的反应和故事走向。

3. 描述练习：选择一个具体的场景、物体或人物，练习用生动的语言描绘细节。运用比喻、象征等修辞手法，让读者能够感受到你描述的事物的特征。这有助于培养你的观察力和描写能力，让你的作品更加生动和引人入胜。

4. 对话练习：设计一段对话，尝试强化不同角色的独特语言风格，通过对话传递情感、信息，推动情节发展。这个练习可以帮助你熟悉角色的语言和心理，增强人物对话的流畅性和真实感。

5. 情节构建练习：选择一个简单的情节框架，例如，列出事件的起因、经过、结果等，尝试在此基础上构建一个完整的故事，练习在有限的篇幅内展示角色的性格变化、情节冲突的高潮和结果。这个练习有助于你掌握构建情节和优化故事结构的技巧。

6. 阅读经典虚构作品：阅读各种类型的经典虚构作品，包括长篇小说、短篇故事等。学习作者的写作风格、情节安排、人物塑造和语言运用。思考作者如何利用各种元素创作引人入胜的作品，从中汲取灵感。

在平时写作的时候，我们可以针对这些技巧进行刻意练习，比如我们在路上看到一个独臂女人，就可以联想女人身上发生的故事，进行虚构创作。

这里提供一个简单的创作思路，供大家参考。

观察和记录：回想遇见独臂女人的情景，仔细回忆她的外貌、表情、举止等细节。记录你的观察结果和感受，包括她给你的第一印象、你对她的好奇和疑惑等。

角色设定：设定一个主人公，可以是你自己，也可以是一个完全虚构的角色。思考这个角色与独臂女人之间的关系和互动，他们可能会在什么情境下相遇？主人公可能会有怎样的反应和情感体验？

故事情节：构思一个故事情节，围绕独臂女人展开。可以是一个小故事，也可以是一个大的背景和冲突。思考独臂女人的背景、经历，以及主人公在这个故事中扮演的角色。

主题和意义：思考这个故事背后蕴含的意义。独臂女人象征着什么？故事的主题可以是坚韧、逆境中的勇气，也可以是人性的美好等。

描述和情感表达：通过具体的描写和情感表达，将读者带入故事中的场景和角色的内心世界。通过细腻的描写、人物的对话和思考，展现独臂女人的个性，推进故事情节的发展。

修订和反馈：完成初稿后，寻求他人的意见，包括对故事情节、人物塑造的理解和感受。根据反馈进行修订，进一步提升作品的质量。

这只是一个思路示例，写作者可以根据自己的创作风格和想法进行调整。通过这样的练习，掌握虚构写作的技巧，丰富故事的情节。

除了虚构写作练习，也可以进行主题写作练习。对于绝大多数人而言，想出一个主题，比构思完整的文章要容易得多。而当我们想出一个还不错的主题的时候，就可以以这个主题为根系，逐渐添加具体的内容和细节。

主题写作并不是写命题作文。想要进行主题写作，先要了解主题写作的相关概念。

在写作中，主题指的是作品所探讨或传达的核心思想、中心议题或主要观点，是作品的灵魂和基本命脉，贯穿于整个作品的情节、人物和意象之中。主题可以关于人性、社会问题、道德观念、成长与变化、爱与失去等，可选范围极大。

在进行主题写作时，以下是一些重要的注意事项。

内容选择：选择一个你感兴趣的、你认为有深度和启示的主题，它可以是你对某个问题的思考、对人生经历的领悟，或者对社会现象的反思等。要确保主题具有足够的内涵和表达空间。

一致性：主题应该贯穿整个作品，并与情节、人物和意象有一致性。每个情节、人物和场景都应该与主题相互关联，以便强化对主题的表达。

深度和复杂性：尝试探索主题的不同层面和多个视角，给予主题更深入的思考，揭示其复杂性和多样性。这样可以使作品更具深度和启发性，引发读者思考。

情感共鸣：通过精确的场景描写、动作描写、语言描写和情感描写，让读者能够与主题产生情感连接，并在阅读过程中产生感悟。

统一性：确保作品中的各个要素有助于突出主题。情节发展、人物塑造、对话、象征意义等方面的表达，都应该与主题相一致，并有助于传达主题的核心信息。

现在尝试让 ChatGPT 提供写作主题，来测试一下主题写作的实用性。

我是写作课讲师，平时要输出关于写作的内容，所以我输入指令，让 ChatGPT 提供 10 个小说写作方面的选题。

提问： 请给我提供 10 个小说写作方面的选题。

⊛ **ChatGPT** 当涉及小说写作时，以下是一些可能的选题，可以作为创作小说的起点。

1. 爱与失去：探索爱情中的欢乐、痛苦和成长。

2. 幻想世界的冒险：在一个奇幻世界或科幻世界中展开惊险刺激的冒险。

3. 成长与自我发现：描写主人公在面对挑战和困惑时的成长与自我发现之旅。

4. 战争与和平：以战争为背景，探索人性、勇气和希望。

5. 反乌托邦：构建一个扭曲的、不完美的社会，揭示现实世界中的社会问题。

6. 时空穿越：通过时空旅行，让主人公在不同时代进行冒险和探索。

7. 罪与赎：探讨罪恶、道德困境和个人的救赎之路。

8. 喜剧与幽默：创作一个轻松、幽默、诙谐的故事，让读者笑中带泪。

9. 神秘与解谜：构建一个扑朔迷离的情节，抽丝剥茧解开谜团。

10. 恐怖与超自然：创作一个包含恐怖元素或超自然元素的故事，让读者读后毛骨悚然。

我们会发现，这个指令答案和我们的预期不同，它理解成了写作内容选题。我们可以修改提问。

提问： 不是提供小说写作思路，而是关于写作方法的文章选题。

⊛ **ChatGPT** 非常抱歉误解了您的要求。以下是关于写作方法的文章选题，供您参考。

1. 创意写作：如何激发创造力和想象力？

2. 写作规划：大纲和准确的写作计划如何提高写作效率？

3. 克服写作困难：如何应对写作障碍，克服创作中的困难？

4. 提高写作技巧：通过练习和读者反馈提升写作技巧的方法和策略。

5. 深度思考：如何通过深度思考提升文章内容深度，提升写作质量？

6. 写作风格的探索：探索如何形成独特的写作风格。

7. 写作灵感的挖掘：寻找创作灵感的途径和方法。

8. 写作的自我编辑：有效的自我编辑技巧和方法，提高文章的准确性和流畅性。

9. 写作社群的支持：如何利用写作社群提高写作能力并获取反馈？

10. 养成写作习惯：如何养成积极的写作习惯，拥有持续的创作动力？

　　这次的答案更符合我们的需求，很多选题只需要做简单修改就可以使用，但也有少部分选题的逻辑并不十分通顺，比如"写作的自我编辑：有效的自我编辑技巧和方法，提高文章的准确性和流畅性"这个选题，它存在错误，可以让 ChatGPT 修改。

> **提问：** "写作的自我编辑：有效的自我编辑技巧和方法，提高文章的准确性和流畅性"这句话不太通顺，请你修改一下，记得要保持原来的意思和格式不变，只修改不通顺的个别词汇。

> ⑤ **ChatGPT** "提升写作质量：有效的编辑技巧和方法，增强文章的准确性和流畅性。"

　　现在是不是好多了？

　　现在我们可以根据以上选题构思内容，收集相应素材并写成文章，这直接解决了没有内容可写的问题。

素材太多，却不知道怎样写

　　对于拥有丰富素材库但不知如何写的写作者来说，可以使用以下几个方法走出困境。

明确写作领域：明确你想要写作的领域，将与该领域相关的素材整理出来。

确定文章呈现形式：确定你打算写散文、小说，还是观点文等。

明确目标平台和受众群体：明确你未来希望深耕的平台和目标读者群体。

梳理选题清单：根据选择的方向，列出 30 个选题，围绕这些选题选取适合的素材进行写作。

如此，能够解决素材过多而不知如何写作的问题。

没有灵感

突然间失去写作灵感也是写作者经常陷入的困境之一。许多人问我：作家是否需要灵感才能进行写作？实际上，大多数成熟的作家随时都能进行写作，因为如果只依赖灵感的到来，几乎无法长期写作，因为大部分时间都没有灵感。

如何解决这些问题呢？可以尝试以下几个方法。

阅读：持续阅读，直到产生强烈的写作欲望。每当我遇到写作瓶颈时，我会去阅读。通过阅读其他作家的作品，我能够快速找到写作灵感。我把这称为作家之间的对话，在这个对话过程中，只要你愿意思考，就能找到写作灵感。

持续写：在没有灵感的时候也要求自己持续写作。可以尝试写日记，通过这种方法记录生活、观察生活并积累素材。

无意识写作：当你实在不知道如何写作时，可以尝试无意识写作，即随意地书写，想到什么就写什么。这个方法非常有趣，虽然你最初没有灵感，但一旦打破思维的桎梏，你就能够触及自己的灵魂，写出出色的作品。我曾让学员尝试这个方法，每个人的反馈都非常好。

定制主题并深度思考：选定一个主题，进行深度思考、分析和探讨，这也是一种刻意练习的方法，对提升写作能力非常有益。

想要开始写作，不知道怎么开始

对于那些想要开始写作但不知道如何开始的写作者，我有一个非常好的建议，那就是写日记。通过写日记，你可以先记录日常，再思考想要写什么。

写日记可以锻炼你的叙述能力，提升你的观察力，并且是积累素材的最原始方法。同时，它可以让你真实地感受到情绪，培养你在作品中融入情感的能力。

那么，只会写日记，一写其他类型的文章就无从下笔怎么办？

想要写好其他文体，首先需要了解其他文体的特点和结构，尝试写出第一篇文章。只要开始了，一切就会变得简单。无法开始的原因往往是有畏难情绪，不敢尝试。

写出第一篇文章后，我们可以根据它存在的问题不断修正。

我带领学员写小说时，很多人开始时觉得写小说很困难，但一旦他们"被迫"写完第一部小说，他们的顾虑往往会消失，很快就能够写出第二部甚至更多作品。

因此，对于新手作者来说，最重要的是入门。入门了，再去寻找自己的深耕方向。

想要突破，却没有新的创意

除了新手作者，一些写了很久的作者也会遇到灵感枯竭的情况。特别是那些写作多年的作者，他们对自己的要求很高，使得写作变得困难重重。

很多作者都希望常有创新和突破，但往往很难实现。我始终认为，突破不仅仅表现为在写作方式和结构上有突破，还应该表现为对生活有更深刻的理解和思考。

写作方式和结构虽然重要，但它们只是作品的呈现形式，作品的最终价值在于思想和内容。因此，对于作家来说，深入生活、感受生活比空想写作更为重要。

优秀的作品离不开生活，无论是虚构作品还是写实作品，都是为了更好地书写生活。我对虚构作品的理解是更好地展现真实，而不是为了虚构而虚构。

虚构的本质是通过刻画人物，让人物具备更多人性特点，就像鲁迅笔下的孔乙己、祥林嫂、阿 Q、闰土，他们虽然是作品中的角色，但是如此真实，以至于过了许多年，我们仍然能从他们的身上看到自己的影子。

写作不仅仅需要技法，更需要生活阅历和深度思考能力。当作家遇到瓶颈时，我的建议是停下来，多读些书，四处走走，与人交流，过好生活。

将自己融入生活中，感受阳光、风、雨，聆听花开的声音，与爱人共进晚餐，去远方旅行……无论何时，都不要忘记好好生活，只有深入生活，才能写出触动人心的文章。

要求过高，总是无法达到内心期望

新手作者常常有一种写作误区，就是高估自己的写作水平。明明只是刚刚入门的阶段，却期望自己的作品媲美经典文学作品，结果往往因为无法达到预期，陷入强烈的自我怀疑，甚至无法继续写作。

当你因为这个原因无法继续写作时，一定要知道，很少有人一开始就能写出非常出色的作品，大多数作家都是通过持续练习逐渐提高写作水平的。

你必须明白自己处于写作的哪个阶段，只要你的作品是当前阶段的最高水平，就足够了，不要试图超越自己的能力范围。

精准定位、降低期望、刻意练习、持之以恒。当你坚持练习足够长的时间，你会发现自己的写作能力有大幅度的提高。

　　只要我们清楚了解无法下笔的原因，就可以针对问题，尝试做出改变。

02 | 从生活中挖掘选题的 5 个方法

　　写作者无法持续写作的另一原因是没有可写选题，因此挖掘选题对于写作者来说至关重要。作为写作者，可以建立选题库，平时想到好的选题就放进选题库，以备不时之需。那么，应该如何从生活中挖掘选题呢？

见与思

　　在生活中，我们可以随时记录自己的所思所想。当你遇见某件事，想要表达某种观点时，可以立刻把这个观点记录下来，放进选题库。我分享一个我建立选题库的方法——想标题、写标题。我写书时，会根据大主题写很多小标题。比如写一本关于小说写作课的书，我只要想到了关于小说写作的要点，就会迅速放进选题库，这样，开始写书的时候，直接拿出主题来分析，列好框架后直接写即可。

　　写作者在平时就要积累选题或者积累写书的素材，不要等写的时候才去找，那样很浪费时间。就像我现在在写的这本书，在开始写之前，我已经准备好了每个章节的选题，而这些选题是我从长期完善的写作选题库里挑选出来的。这样既节省时间，也能写得顺畅。

寻找创意选题

除了记录所思所想，还要记录日常观察。我习惯观察路人、朋友，以及我能看到的所有人。观察可以给我提供无限的灵感，比如，观察孩子，就可以想到教育、自由、成长、儿童心理等方面的选题。把你的观察转化成你的观点，即为更具体的选题，比如，孩子眼中的父母、孩子想要的幸福、孩子为什么想要玩手机、孩子心中的未来、孩子期望的生活……这些选题都是围绕孩子这个大主题引申而来的。

我们可以观察一个群体，观察一类人，观察一件事。一旦你掌握了寻找选题的秘诀，写作的一大难点就解决了。以上选题都是我在写书的过程中随机想出来的，如果你让我写选题，我可以迅速写出数十个，不过，并不是每个人都拥有像我一样的能力，很多人即使了解方法仍然找不到选题，因此而放弃写作。

AI 时代来了，它能够帮助我们解决很多问题。如果你确实无法找到选题，可以使用 ChatGPT 搜索选题，来建立选题库。方法很简单，输入生成选题的指令即可。指令要写清楚需求，比如写作选题的类型，是用来写书、讲课，还是写文章，选题偏好是什么等，还可以提供案例，让它学习。

提问：帮我写一个关于小说写作的图书选题，生成这本书的目录，内容包括偏好纯文学创作方向 + 写作基础 + 写作困境。

ⓢ **ChatGPT** 目录如下。

导读：踏上纯文学创作的征程

第一部分：纯文学创作的基础

塑造灵魂：深入刻画人物的艺术

情感探索：情绪与心理描写

构建独特世界：背景与环境创作

魔法的笔触：语言与文体特色

第二部分：基础写作技巧

故事的根基：构建引人入胜的情节

对话的韵律：生动而独特的人物对话描写

感官的共鸣：运用细节描写激发读者的感官体验

用意象绘画：隐喻与象征的力量

时间的编织：叙事结构与时间线的探索

第三部分：克服写作困境

走出创作困境：寻找创意与灵感的方法

战胜写作障碍：克服写作障碍的策略

修炼写作技巧：持之以恒地实践与改善

突破边界：如何超越传统，创造独特的文学形式

结束语：纯文学的边界与无限可能

　　从写作导师的角度看这个目录，只需要稍作修改，即可使用。其问题很典型，很具体，紧扣主题。

　　写文章同理，可以提问"帮我生成 100 篇散文的选题""帮我生成 100 篇观点文选题""帮我生成 100 个故事概要"等。

　　ChatGPT 可以在很短时间内生成 100 个选题，甚至更多。这直接解决了没有选题可写的问题，为写作者的写作提供了更多可能性。

整理、筛选爆款选题

　　除了日常生活，我们还可以去哪里寻找选题呢？在新媒体写作圈子中流传着一个写作秘籍，就是想要写出爆款作品，就要学会拆解爆款选题。

　　在部分新媒体公司中，会有专门的人负责进行爆款选题分析，根据爆款选题的共性和特点，找到新的选题。对于不知道如何寻找爆款选题的人来说，可以多看各个平台的热门文章，关注一些大号，整理他们拥有 10 万 + 阅读量的文章并进行分析。通过分析爆款文章的特点，让 ChatGPT 根据这些特点提供新的选题。

爆款选题具有什么共性的特点呢？来看看 ChatGPT 怎么说。

> **提问：** 公众号文章爆款选题的特点有哪些？

⑤ ChatGPT 微信公众号文章爆款选题通常具有以下几个特点。

1. 引人关注：爆款选题通常会引起读者的兴趣和好奇心。这可能是因为爆款选题与时下热门话题相关，或者与读者生活密切相关，能够引起共鸣。

2. 独特性：爆款选题通常具有一定的独特性，能够吸引读者的眼球。这可以体现在选题的切入点、角度、观点等方面。

3. 实用性：爆款选题通常会提供有用的信息、实用的建议，或者解决问题的方法，读者能够从中获取有益的知识或者帮助。

4. 情感共鸣：爆款选题往往能够触动读者的情感，引起读者的共鸣和共情。这可能是通过讲述感人的故事、分享真实的经历、探讨深入人心的话题等方式实现的。

5. 娱乐性：爆款选题通常会具有一定的娱乐性，能够给读者带来轻松愉快的阅读体验。这可以体现在选题的趣味性、幽默感、故事性等方面。

6. 引发讨论：爆款选题通常会引发读者的讨论和互动，激发读者对于话题的思考和表达。这可以通过提出有争议的观点、提出问题引发思考等方式实现。

常看微信公众号文章的读者及新媒体从业者一定能看出来，ChatGPT 的概括是很精准的，所有阅读量 10 万 + 的公众号文章，一定具备以上 6 个特点中的至少 3 个特点，甚至很多同时具备以上 6 个特点。

那么，我们让 ChatGPT 根据这些爆款内容的特点，尝试提供几个选题。

> **提问：** 根据如上公众号爆款选题特点，生成 5 个科技领域的爆款公众号文章选题。

⑤ ChatGPT 以下是 5 个科技领域的爆款公众号文章选题示例。

1. "AI 革命：人工智能如何改变医疗行业？"探讨人工智能在医疗领域的应用，如智能诊断、药物研发等方面的突破，以及对医疗行业未来发展的影响。

2. "区块链技术：数字货币的未来趋势与挑战"分析区块链技术在数字货币领域的创新，讨论不同数字货币的发展前景，以及面临的法律、监管、隐私等方面的挑战。

3. "未来交通：无人驾驶技术的突破与应用"探讨无人驾驶技术在交通领域的发展，包括自动驾驶汽车、无人机交通等，以及该技术对道路安全、交通效率、城市规划的影响。

4. "5G 时代：物联网的新篇章"介绍 5G 技术在物联网领域的应用和潜力，包括智能家居、智能城市、工业自动化等方面的创新和发展趋势。

5. "生命科学的奇迹：基因编辑技术 CRISPR 的革命性突破"解析 CRISPR 基因编辑技术的原理和应用，探讨其在医学、农业和环境保护等领域的潜力。

可以看出，ChatGPT 给出的选题都与高新技术相关，但是因为它的训练数据库截至 2021 年，所以给出的一些"高新技术"在现在看来是有点过时的，这一点可以通过 Bing 的 AI 聊天工具弥补，结合 ChatGPT 确定合适的选题。

根据 ChatGPT 提供的选题，可以继续发出指令，让它将选题优化为文章标题，并列出文章框架。

提问： 请根据爆款公众号文章的特点，给"生命科学的奇迹：基因编辑技术 CRISPR 的革命性突破"这个选题列一个文章框架，内容翔实、准确、有趣味性。

⑤ ChatGPT　下面是一个可能的文章框架。

1. 引言：描述一个引人入胜的场景，如面对一位患有遗传疾病的小女孩，家人内心同时有希望和挣扎。

引发读者的好奇心，介绍基因编辑技术 CRISPR 是如何成为这个故事的关键的。

2. 什么是 CRISPR：解释 CRISPR 的全称和基本原理，并简要介绍其作用。

3. CRISPR 的革命性突破：探讨 CRISPR 技术对基因编辑的巨大意义，及其与传统技术相比的优势；详细介绍 CRISPR 技术的核心组成部分，包括

CRISPR-Cas9 系统，以及如何通过该系统实现精确的基因编辑。

4. CRISPR 的应用：揭示 CRISPR 在医学领域的突破，包括基因治疗、癌症研究、遗传疾病治疗；引用实际案例，如对遗传性失明的治疗和对 HIV 的研究，来说明 CRISPR 技术的潜力。

5. CRISPR 的伦理和道德问题：探讨 CRISPR 技术引发的伦理和道德争议，如基因改造、人类设计和遗传上的平等等问题；引用科学界的不同观点，提供较全面的分析和思考。

6. 未来展望：展望 CRISPR 技术的发展方向和潜力，包括精确基因编辑、抗衰老研究、食品安全、生态保护等方面；鼓励读者思考 CRISPR 技术对未来的影响和可能的挑战。

7. 结论：总结 CRISPR 技术的革命性突破和应用领域；引发读者对基因编辑技术的兴趣，并鼓励他们关注和思考相关议题。

对于从事新媒体创作的写作者来说，在选题策划和文章结构搭建方面，有 AI 的帮助，可以节省大量的时间。

不过，好的文章不仅需要好的框架，还需要独特的观点和对某个问题独一无二的分析，以及实用、可行的见解。因此，写作者未来最大的核心竞争力在于有独特的观点和对某个问题的深入思考。

关注社会话题

多关注社会话题，将这些话题记录下来，也是选题的重要来源之一。同一个选题，可以写成不同类型的文章，如观点文、故事、小说等。例如，大家讨论的"孔乙己脱不下的长衫"，实际上是大学生就业难的问题；大家讨论的失业潮和 AI 替代人力工作，反映了我们这个时代的特点……这些问题都可以记录下来作为选题，并以新媒体文章、剧本、小说的形式加以探讨。

选题的灵感来源于生活

只要愿意去寻找、去观察，选题就永远不会写尽。

除了网络上的社会话题，身边的人也会遇到各种社会问题，这些问题也可以融入作品中。

举个例子，我的朋友面临一个难题：他的妻子不想要孩子，但父母坚持逼迫他们生育，这让这位男士左右为难，不知道该如何解决。这是现代社会中一个非常典型的问题，容易引起读者的共鸣。

另外，我还有一个朋友，遇到了一个更棘手的问题：夫妻二人结婚多年，无法生育，他们四处求医，但始终没有结果，夫妻俩为了要孩子焦头烂额，无法专心工作，也无法过好生活。这样的现实问题也可以作为选题，写成文章。

寻找热点选题

作为新媒体写作者，我们都知道热点选题的热度超过其他选题。要想作品获得更多收益，学会寻找热点选题非常重要。那么，我们从哪里找到热点选题呢？可以关注微博热搜、头条热搜、抖音热搜等。一旦有热点出现，无数人会开始讨论，迅速将其推上热搜榜。

热点选题能为我们提供写作的思路，但要注意的是，并不是每个热点都需要写。有些热点不易讨论，因为可能对他人造成伤害，或者由于对真相不了解，容易将谣言当作真相。写热点选题时，切忌站在道德制高点评论一件真相不明的事情。

热点选题的写作意义不仅仅是获得流量，更重要的是这些热点事件背后的故事对人们的启发，以及我们从中获得的教训。

比如，前段时间有一个景区发生了几个年轻人集体自杀的事件。那么，针对这一事件，我们应该如何写作呢？应该去探究这种群体自杀背后的原因：到底是什么让他们绝望到这个地步？为什么他们会相约自杀？

这样的热点值得被揭露、被记录，以便找到原因、找到解决方法，避免更多悲剧的发生。

还有类似的热点，比如被网络暴力致死的粉色头发女孩，这样的人间悲剧也值得被记录，让所有人知道言语是一把刀子，要心怀善意。

每一个热点背后都隐藏着值得大众关注的社会问题，作家的职责之一是关注社会问题，写出有价值、能影响他人的作品。

深度思考

无论选择什么样的选题，最终要靠作家的思想深度来取胜。因此，思考是另一个选题来源。

正是因为有了思考，作家的作品才得以百花齐放。除了事件选题，还有观点选题，即对某件事情的思考也可以成为一篇文章的选题。例如，我们为什么活着？人活着的意义是什么？我应该如何面对死亡？人为什么需要有信仰？人为什么要有梦想？女性如何才能做到精神独立？

你看，只要愿意思考，就会有无尽的选题可写。作家写作的意义不仅在于关注社会问题和民生问题，还在于将自己的思想传递出去。只有通过思考、提问、剖析、总结，才能实现思想传递。在日常生活中，我们可以通过刻意练习来锻炼自己的思考能力。

比如，思考婆媳不和的原因，可以试着列出如下几条。

文化差异：文化差异是婆媳关系紧张的常见的原因之一。不同的文化价值观、家庭角色和期望，可能导致误解和冲突。例如，传统观念中，婆婆通常在家庭中担任权威角色，而如今，儿媳更希望保留自己的独立性和自主权。

传统家庭角色分工差异：传统的家庭角色分工和期望可能导致婆媳关系的紧张。婆婆期望儿媳承担家务、照顾孩子等传统女性角色承担的家庭工作，而儿媳更希望拥有自己的事业和个人空间。

相处模式：婆婆和儿媳之间的相处模式也会影响婆媳关系。婆婆可能希望儿媳符合自己对理想女儿的期望，而儿媳更希望得到婆婆的尊重和理解。这种不同的期望和不同的角色定位可能导致冲突和不满。

沟通和理解：婆媳关系中的沟通问题也是常见的冲突根源。双方可能由于沟通方式、语言障碍或意见不合产生误解和冲突。缺乏理解和尊重的沟通方式可能导致关系紧张。

家庭压力和期望：家庭压力和期望会对婆媳关系产生影响。比如婆婆期望儿媳在经济、家庭责任、孩子教育等方面达到某种标准，儿媳则期望婆婆给予更多的支持或更少的干涉。

争夺注意力：在某些情况下，婆婆可能感到自己在儿子心中的位置受到了儿媳的威胁，因此产生了争夺儿子注意力的心态。儿媳可能感到婆婆干涉过多，对她的婚姻和家庭产生了不利影响，因此也产生竞争的心态。

你看，问题的本质被找到，问题就会变得容易解决。因此，学会思考对于写作来说至关重要。

如果你没有选题可写，可以从以上五个方面入手帮助自己建立选题库。一旦选题库建立起来，写作过程中 90% 的问题都会得到解决。

03 | 爆款选题的本质和共性分析

作品能否被传播、是否有深度，与作品的立意有很大关系。如何让自己的作品被更多的读者喜爱？几乎每个作者都想知道答案。不管写文章还是写书，最重要的是选题，一个好的选题，能够让你的作品传播量翻倍。

那么什么是好的选题？

选题是否为大众关注的话题？

在写作的过程中，我们一定要注意，不要选择太小众的领域，尤其对于新人作者来说，小众领域意味着市场有限，写作之路可能会相对艰难。

我曾听合作的编辑说，一个选题，如果市面上没有爆款书，不能说明选题独特，有时可能是这个选题没有市场。没有爆款书，不一定是没有人写，很可能是写了没有人买。

写作的时候，我们的选题不能随心所欲，要选择有市场需求的，这样受众广、读者群体大，书或者文章被传播的可能性会更大。

当你有足够影响力的时候，再去写小众领域，不然，可能很难有机会出头。

有的写作者常问：要不要坚持自己的喜好和初心？我觉得结合市场，两者相融，是最好的选择。

无论是写小说，还是写新媒体文章，都需要关注大众关注的内容，才能与大众共情，切不可自娱自乐。

我之前写小说从不考虑市场，所以写了十余本，都没有出版的机会。后来我出版的畅销小说《余温》《云端》，一个是关于原生家庭的，另一个是关于语言暴力的，出版之后被很多人喜欢。因为这两个选题老少皆宜，每个人都可能关注。

读者群体越大，作品被传播的机会越大，影响力也会越大。

现在关于女性主义的讨论很热烈，很多女性作者乘势崛起，这就是好的选题的力量和带来的机会。

大众关注的话题大多具有以下特点。

涉及当前热点问题：选择当前社会时事中引发广泛讨论的热点问题，可以吸引读者的兴趣。

有关人类情感与体验：人们对人际关系、爱情、友谊、成长、挫折等主题的关注一直存在。探讨这些主题，能够触动读者的内心，产生共鸣。

介绍实用知识与技能：提供实用的知识、技能、经验分享，能够满足读者的学习和成长需求。

富有想象力或逃避现实：提供令人向往和易产生遐想的故事情境，带领读者进入奇幻、冒险、浪漫的世界，满足他们对于逃离现实的渴望。

爆款选题共性分析

无论是爆款图书还是爆款文章，都具有一些共性特点，比如，它们能够抓住读者的需求并帮助读者解决问题。2020 年，一位新人作者出版的《认知觉醒》一书上市后大获成功，我们的读书会共同阅读了这本书，很多学员反馈说这本书非常出色，给予他们很多帮助，其中的观点让他们受益匪浅。

通过反复阅读这本书，并对其写作方式进行分析，我发现了它成为爆款的逻辑。

这本书整理了人们在生活中普遍面对的问题，并提出了改变认知、改变观念的观点；书中每个章节都围绕大众痛点展开，提供具体方法并深入分析问题的本质；语言通俗易懂，容易被接受……这些都是爆款书的特点。通过上述分析，我们可以发现，爆款选题一定要能够帮助大众解决问题。

另一个例子是大冰的《阿弥陀佛么么哒》等作品，以及三毛的《撒哈拉沙漠》等作品，这类作品能够满足读者对美好生活和对遥远世界的向往，容易长销和畅销。

还有一类爆款书，如《白鹿原》《平凡的世界》《活着》，它们之所以长销且畅销，是因为它们书写了时代和历史。无论经过多少年，这些作品都具有文学价值。

爆款图书和爆款文章之间有一些共性，即解决读者问题、抓住读者注意力、提供情感价值、带来某种精神上的慰藉。只要作品选题符合这个逻辑，基本上就不会太差。

我前段时间出版的一本书叫作《自由职业者生存手册》，内容是关于解决自由职业者面对的各种问题的，受到了读者的高度评价。主要原因，是帮助读者解决了做自由职业者的一些困惑，以及给出了具体建议。

总结一下，爆款选题的特性如下。

解决读者问题：爆款选题能够针对大众共性问题或痛点，提供具体解决方法或改变观念的思路，满足读者需求。

提供情感价值和精神慰藉：通过展示美好生活、远方梦想，或提供情感上的慰藉，满足读者对情感价值的追求。

紧扣时代：爆款选题能够与当代社会、文化或历史背景紧密结合，反映时代变迁和社会现实，引起读者的关注和共鸣。

人物形象和故事情节独特：爆款选题中的人物形象鲜明，故事情节引人入胜，能够引发读者的好奇心和阅读欲望。

语言通俗易懂：爆款选题往往使用通俗易懂的语言，让读者轻松理解和接受，帮助他们更好地融入故事或理解内容。

借助口碑传播和社交媒体推广：爆款选题通常通过读者口碑传播和社交媒体推广迅速扩大影响力，并吸引更多读者的关注。

爆款选题和专业相融合

除了考虑传播特点和读者群体，作者还需要了解自己的核心竞争力。如果在写作中一味地追求爆款和热点，很难进行持久创作。

因此，确定选题时要结合自己的专业方向，与个人的专业领域相结合，这样才能够在写作中走得更远。

例如，面对网络暴力事件，新媒体作者可以围绕该选题写一篇观点文；时评作者可以围绕该选题撰写一篇时评文章；小说作者可以以此为背景创作一本小说等。

为了能够持续地进行创作，我们需要不断获取动力并获得反馈。作品的持续传播对于作者来说是持续创作的重要动力。许多作者无法长期坚持写作的根本原因是缺乏读者，因此，将专业知识与爆款选题相结合，可以有效解决没有读者、作品无人问津、缺乏创作动力的问题。

然而，有些作者只擅长写作自己专业领域的选题，有些作者则只擅长追求爆款热点，将两者融合起来难度不小。那么，该如何解决呢？

我们可以尝试借助 ChatGPT 来辅助创作。

如果我们无法将专业知识和爆款热点结合起来，可以通过提问的方式，让 ChatGPT 给我们提供思路。例如，从心理学角度分析某明星吸毒的原因、围绕年轻人不愿意生孩子的问题构思小说，或者从作家的角度分析作家无戒新书《云端》的价值等。

通过不断分析、总结、反思和改进，我们的作品质量将不断提高，从而创作出更优秀的文章。

策划爆款选题的 5 个关键技能

在写书、撰写专栏或写网文之前，我们需要策划选题。选题的好坏决定了作品是否能得到出版社或平台的青睐，优质选题是签约和出版的前提。

在前面的章节中，我们已经介绍了如何建立选题库，然而，对于很多人来说，围绕特定要求策划选题仍然非常困难。

那么，要如何才能策划出爆款选题呢？除了前面所讲的分析爆款逻辑，还需要掌握以下筛选爆款选题的技能。

截至目前，我通过这些方法已经成功签约出版了 7 本书，并帮助了数百位学员签约各大平台，辅助了上百位学员策划出了可签约出版的选题。

了解传播的本质

什么样的选题更受平台青睐呢？其实判断标准只有一个：能否被传播。作品被传播，才会有读者，有读者才能产生影响力，作品才能被更多读者看到，从而实现畅销。

那么，传播的本质是什么呢？我们来思考一下：为什么自己会向更多人推荐一本书？大致有以下几个原则。

推荐原则一：认为这本书有文学价值，能够对他人产生正向影响，如《悉达多》《遥远的救赎主》《呼兰河传》等。

推荐原则二：认为这本书很好地表达自己的观点，找到了共鸣，如写作书《成为作家》《金蔷薇》等。

推荐原则三：认为这本书可以帮助自己学到知识，让自己更博学，如哲学、心理学、国学类的书籍，《论语》《孙子兵法》《了凡四训》《被讨厌的勇气》等。

推荐原则四：认为这本书能够很好地解决生活中的某些问题，非常实用，如《深度工作》《自控力》《掌控习惯》《亲密关系》等。

推荐原则五：与自己相关，能够在书中看到自己的影子。一些散文类的书往往能够引起读者的共鸣，如庆山的《眠空》《月童度河》《一切镜》等。

如果一本书具备以上这些特点，它就容易传播，也容易成为爆款。

还有一种推荐行为，即将文章转发到朋友圈、收藏文章、转发给亲友和重要人士等，这种行为又是出于何种心理呢？

转发文章与推荐书籍有共性，但也有一些不同之处。

转发文章的人一般具有以下几种心理。

第一，想要显得自己博学多才。利用此心理可以策划一些专业选题，特别是涉及某专业内容的选题。

文章案例：《解密高级量子计算：引领科技革命的未来之路》

这篇文章探索高级量子计算的前沿研究和关键问题，能展示转发者的专业知识和博学多才。

第二，想要借助作者的文章向某人表达自己的观点。因此，策划选题时必须站在特定人群的角度发表观点，不能缺乏立场。

文章案例：《关注生活中的细节，让每一刻更有意义》

站在某类人群的角度，这篇文章讲述如何通过关注生活中的细节来赋予每一刻更多的意义，表达转发者对美好生活的向往。

第三，希望通过转发文章表达自己对某种生活的向往或热爱，承载作者的情感。

文章案例：《放弃了高薪、大 House，跑到深山当"野人"是一种什么体验？》

这篇文章分享了成功人士逃离现实世界、追求世外桃源的经历，让向往逃离都市、隐居乡野的读者很感兴趣。

第四，分析大众关注的热点话题，以显示自己与时俱进。这属于读者的心理需求。

文章案例：《热议时事话题：社会变革的驱动力》

这篇文章分析当前的热点话题和社会变革现状，可以展示转发者与时俱进的观点和对社会的关注。

第五，通过描述某个人物或讲述某个故事来反映某种社会现实，表达自己的不满，这也容易引起读者的转发。

文章案例：《故事里的反思：揭示社会弊端与呼吁改变》

通过讲述故事来讽刺某种社会现实，这篇文章反映了转发者对社会的不满和对改变的呼吁。

了解了传播的本质，就明白了选题应该如何策划。了解传播的本质后，根据传播的逻辑去策划选题。

如果实在想不到选题，可以先让 ChatGPT 生成 100 个选题，再根据之前介绍的原则进行选择和优化。

了解读者的需求

作为写作者不仅要了解读者为何转发文章，还要了解读者想要看什么类型的文章。根据传播的特点，结合读者的需求，策划出的选题会更加完美。

为了推断出读者喜欢什么样的书，我们可以先思考自己为什么要读书。不同的群体阅读需求是不同的。

例如，我个人喜欢文学、心理学和哲学类书籍，但为了管理团队，我会阅读一些企业管理方面的书籍；为了做好新媒体平台，我也会阅读一些新媒体运营方面的书籍。

既然不同群体有不同的需求，我们在策划选题时可以通过定位读者群体进行调研，根据读者的需求来设计选题。

例如，这本书的大多数选题基于我做写作课导师多年来，学员们常问的共性问题，受众群体是学习写作的人。

根据写作者在写作过程中遇到的问题来设计章节的内容，一定可以满足读者的需求，并帮助更多读者解决他们在写作过程中遇到的大部分问题。

经过市场调研和市场检验的选题一定会受到读者青睐，而且，这本书的选题结合了之前提到的热点（如当前热门话题 ChatGPT）和专业知识，能够让作品的影响力最大化。

对于许多写作者来说，他们渴望了解 ChatGPT 对写作行业的影响，因此我针对这个大众关注的热点进行了详细的剖析，致力于清除大家的困惑。同时，本书中详细阐述了 AI 对写作的各种帮助，结合专业方向输出专业内容，帮助更多作者解决写作困境，学会利用 AI 提升写作能力。

一旦找到选题规律，出版就会变得容易。

从出版营销的角度来看，如果一本书有价值、有卖点、有受众，那么它肯定不会卖得太差。

了解作者的核心竞争力

除了市场价值，还需要考虑作者的专业方向。并非每个爆款选题都适合写，有些选题虽然在市场上很受欢迎，但可能不符合作者的专业领域。因此，在选题策划时，务必在自己擅长的领域里寻找具有市场价值和爆款特性的选题。

在过去的几年里，我收到过很多出版社的约稿。比如最近，一个出版社找我写一本给儿童看的作文书，我拒绝了。虽然这个选题可能是个爆款选题，但它不符合我的专业方向。作家一定要在自己擅长的领域里深耕。

了解选题的价值

确定一个选题前，要先思考它的价值。思考这个选题的优势是什么、市场潜力如何、受众群体是谁，以及选题的特点等。这样做不仅可以帮助我们评估作品是否具有市场价值，还可以通过在出版社的选题表中填写这些信息，增加作品被选中出版的机会。

通常，出版社审阅选题时不会阅读整本作品，而是会看简介、大纲、卖点、作品的受众，以及选题特点等信息。通过练习提高这些能力，可以增加你获得出版机会的可能性，避免自嗨式写作、无法传播、无法出版等问题。

复盘和总结选题的数据

尝试选择不同的选题进行写作并发表文章，及时查看文章的数据表现，从中筛选出表现较好的内容，用于撰写书籍、专栏文章，或作为新书的大纲，这也是高效写作的途径之一。

我曾经与一位编辑讨论写畅销书的方法，他建议先列出 100 个选题，用这 100 个选题写 100 条文案，并录制成视频，在不同的平台上测试数据，再根据数据选择表现良好的选题，修改、充实，写成一本书并出版。

经过市场调研和测试选题后再写作的这种方法，帮助很多作者出版了多本畅销书。数据代表着读者的喜好，找到读者喜欢的内容，并结合自己的专业知识确定选题，这样的书更容易传播，也更具有市场价值。

在过去，列出 100 个选题，即便是创作能力很强的作者，也会感到吃力，更别说还要将这 100 个选题写成 100 条文案、录成视频。毕竟策划选题与视频文案写作、视频录制属于完全不同的领域，想要将这些事都认真做完，可能需要好几个月的时间。

但是现在借助 ChatGPT，这件事执行起来，会变得容易得多。

我们这里不写 100 个选题那么多，只是举一个例子。

在本章的第 2 节中，我们使用 ChatGPT 生成了 5 个科技领域的爆款公众号文章选题，现在，假设我们要将这些选题作为图书选题，让 ChatGPT 生成相应的文案。

提问： 请帮我写一个与"未来交通：无人驾驶技术的突破与应用"选题相关的视频文案，要求内容准确、科学合理，且口语化、有趣味性、易于传播。

---

⑥ ChatGPT

标题如下。

【未来交通】别再担心堵车！无人驾驶技术的突破与应用

文案如下。

嘿，各位车迷和未来科技爱好者！今天，我们将揭示交通领域的一项惊人突破，它将彻底改变我们的出行方式——无人驾驶技术！准备好迎接交通革命了吗？

你是否曾为交通堵塞、驾驶疲劳、交通事故而烦恼？别担心！无人驾驶技术正迅速崭露头角，它将为我们带来一个更智能、高效、安全的交通未来。

现在，让我们揭开无人驾驶技术的神秘面纱。这项技术通过人工智能和传感器技术，使车辆能够通过自动化系统感知、理解和响应周围环境。说白了，就是车子变得聪明起来，能够自主导航和决策，摆脱对人类驾驶员的依赖。

无人驾驶技术在应用方面有巨大潜力。比如，它将使城市交通更加通畅，让你告别烦琐的停车步骤和寸步难行的拥堵道路。你只需要坐在车内，享受旅途的自由和舒适。

更令人兴奋的是，无人驾驶技术将提高安全性和可靠性。统计数据表明，人为驾驶错误是发生交通事故的主要原因之一。无人驾驶车辆通过高精度的传感器和先进的人工智能系统，能够实时感知和应对各种情况，大大降低事故风险。未来的道路将变成安全的行车天堂！

此外，无人驾驶技术将为特定人群带来巨大便利。老年人、残疾人和其他行动不便的人将能够更加自主地出行，不需要依赖他人。这项技术将打破交通壁垒，使每个人都能享受便捷和自由的出行。

虽然我们会面临挑战——无人驾驶技术需要面对复杂的道路环境问题、法律法规和伦理问题，但随着科技的不断进步和政策的完善，这些困难将逐渐被克服，我们拥有更美好的未来。

所以，让我们一起期待未来交通的无限可能吧！

觉得有趣？别忘了把这个视频分享给你身边的小伙伴，让他们一起为未来交通的奇妙变化感到惊叹！留言告诉我们你对无人驾驶技术的期待和想法吧！加入我们，共同探索未来交通的精彩世界！

从确定选题，到 ChatGPT 给出初版视频文案，所有时间加起来，不过几分钟。

ChatGPT 生成视频文案后，作者需要根据自己的知识储备和语言风格，对文案进行相应的修改，直至其符合自己的需求，能够直接作为脚本录制视频。

学会策划爆款选题，可以帮助你抓住读者的注意力，让你创作的优秀内容被发现、传播。

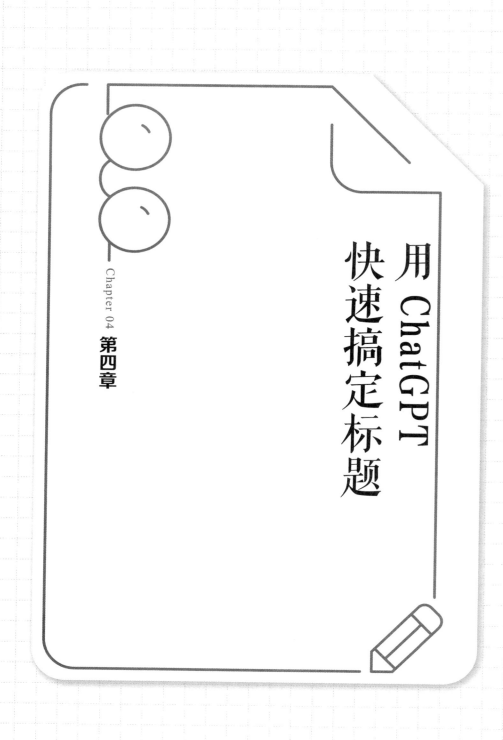

Chapter 04　第四章

用 ChatGPT
快速搞定标题

01 | 优质标题的三大判断标准

在开设写作课的这些年，我听到过很多作者有这样的苦恼：努力写了一篇文章，反复打磨修改，自己觉得非常满意，但发在平台上，发现阅读量并不高，由此产生自我怀疑，觉得是不是自己的文章质量不好？是不是自己不够有天赋？是不是读者没有眼光？

其实，这是一个非常普遍的问题——很多人把精力放在了文章内容上，忽略了标题的重要性。有人会花好几天的时间写文章，但是只用一分钟的时间起标题，这就是为什么内容优质却没有阅读量：标题不够优质。

在自媒体时代，标题尤为重要。现在大家的注意力都很分散，如果标题很普通，哪怕文章内容再好，也没办法吸引人打开。一个优质的标题，有可能让你的内容从千万个内容中脱颖而出，闯入读者的视野，因此，你必须在标题上面花不亚于写文章的心力。

那么，优质标题的衡量标准是什么呢？

吸睛

为什么吸睛是第一个标准？因为在自媒体平台上，每天更新的文章数量多到一个人一生都看不完。如果标题没有亮点，读者根本不会注意到你的文章。

那么，如何让标题足够吸睛？

制造悬念：揭示部分信息，让读者渴望了解更多。

使用数字：利用具体的数字或统计数据，突出文章的准确性或权威性。

强化冲突：突出文章中的对立观点、情感冲突或矛盾，引起读者的兴趣。

制造反差：将两个相对的概念或观点放在一起，产生鲜明的对比。

使用对话形式：在标题中呈现对话，增加互动性。

引发共鸣：触动读者的情感或利益，使他们能够与文章内容产生共鸣。

在设计标题时，还要注意以下几点。

简洁明了：使用简洁的语言，突出关键信息。

独特性：确保标题与众不同，吸引读者的注意力。

考虑目标受众：考虑读者的兴趣和需求，选择适合他们的表达形式。

如果还是不知道如何写出吸睛的标题，可以使用 ChatGPT 作为助力。

提问：写出一些标题，主题如下。

你期待已久的年度写作课又开始招募了，具体内容私信我了解。赠送 2000 元一次的咨询。

标题要符合以下特性。

1. 制造悬念：揭示部分信息，让读者渴望了解更多。

2. 使用数字：利用具体的数字或统计数据，突出文章的准确性或权威性。

3. 强化冲突：突出文章中的对立观点、情感冲突或矛盾，引起读者的兴趣。

4. 制造反差：将两个相对的概念或观点放在一起，产生鲜明的对比。

5. 使用对话形式：在标题中呈现对话，增加互动性。

6. 引发共鸣：触动读者的情感或利益，使他们能够与文章内容产生共鸣。

ChatGPT 以下是一些示例，展示了如何利用不同的亮点技巧来撰写吸引人的文章标题。

对话揭秘：写作课的黑暗与光明，你敢挑战吗？

写作的终极对决：传统 VS 创新，哪个才能让你脱颖而出？

独家！仅剩 30 个名额！年度写作课赠送价值 2000 元咨询！

写作天才 VS 写作小白？年度写作课带你轻松实现逆袭！

写作的价值：10000+ 学员亲证，转变人生的力量！

根据 ChatGPT 提供的标题，选择最符合平台调性的标题即可。

有了 AI 的帮助，写作不仅更高效，而且更加符合市场规律，容易传播。

✑ 精练

很多人的标题起得冗长，看起来重点模糊。人的大脑是有惰性的，很多时候不愿意思考，如果标题太长，在三秒内让人抓不到重点，读者很可能会下意识地滑走。所以精练、简洁明了的标题比花里胡哨的标题更具吸引力。优秀的标题要让读者一眼明确你表达的意思，明白你的文章是否有用、有趣、有料，因此一定要聚焦在一个点上，让人一下子就能判断这篇文章值不值得读。

如何才能做到精练呢？认真审阅你起好的标题，看看哪些词是不重要的，一一去掉。通常情况下，可以去掉修饰性副词、形容词，保留动词和名词，先只留下骨架，再在骨架之上加点睛之笔，才有更好的效果。

如果你起的文章标题特别长，不知如何精减，可以把这个标题交给 ChatGPT，让它帮你精减。

比如，你起的标题为《青年作家的野蛮成长史：写作 8 年，写了 800 多万字，出版 7 本书，我是如何实现作家梦的》。

这个标题冗长，容易让读者失去耐心，我们可以让 ChatGPT 帮助我们优化。

> **提问：** 请帮我优化以下标题，要求不超过 20 个字，意思不变。提供 6 条以上参考标题。

> ⑤ **ChatGPT** 当然可以，请发标题给我。

> **提问：** 青年作家的野蛮成长史：写作 8 年，写了 800 多万字，出版 7 本书，我是如何实现作家梦的。

> ⑤ **ChatGPT** 明白了，以下是不超过 20 个字、保持意思不变的优化标题。
> 1. "青年作家 8 年成长：800 万字，7 本书，她如何实现梦想？"
> 2. "800 万字，7 本书：青年作家的奋斗史"
> 3. "青年作家：8 年 800 万字，7 本书，梦想之路"
> 4. "800 万字，7 本书：青年作家的梦想历程"

5. "青年作家的蛮荒成长：8 年，800 万字，7 本书"
6. "800 万字，7 本书：青年作家的成就之路"
7. "青年作家的写作之旅：800 万字，7 本书"
8. "800 万字，7 本书：青年作家的励志故事"
9. "青年作家的 8 年传奇：800 万字，7 本书"
10. "800 万字，7 本书：青年作家的奋斗之路"

是不是很容易？当然，AI 不是全能的，会有局限性，如有的标题超出 20 字，重点并不十分突出等。如果不满意，你可以继续给它提要求，让它帮你优化，或者根据它提供的标题，结合自己的习惯及平台调性，自己着手修改。

扣题

好的标题，一定要有画龙点睛的效果，做到扣题、点题、升华思想，这样的标题才能算是高级标题。

为什么有些标题党会被批评，另一些却受到称赞？原因在于前者的标题与文章主题不符，而后者的标题虽然夸张，但与文章内容密切相关。在自媒体平台撰写文章时，适度夸张能够吸引读者的注意，过度夸张则会让读者感觉上当受骗。

所以，第三个值得强调的标准是扣题。写文章，千万不要挂羊头卖狗肉。

如何才能做到扣题呢？最好的方式就是准确提炼文章的主题，根据主旨列出不同的标题。这项工作很基础，ChatGPT 完全可以帮助我们完成。

提问： 围绕顺利渡过写作瓶颈期的 8 个方法，写几条扣题、吸睛的标题。

ChatGPT 标题如下。

1. "突破创作瓶颈的终极秘籍：8 个有效方法揭秘！"
2. "告别写作困境：8 个实用技巧助你轻松突破瓶颈期"

3. "笔下乏力？不妨试试这 8 个方法，轻松突破写作瓶颈！"

4. "创作灵感枯竭？8 个神奇方法助你重拾写作信心"

5. "8 个击破写作瓶颈的绝招，让你的文字瞬间亮眼无比！"

6. "解锁绝密写作技巧：8 个突破瓶颈的必备法宝"

7. "写作陷入僵局？试试这 8 个方法，重燃你的创作热情！"

8. "打破写作瓶颈的秘密武器：8 个窍门助你创作出惊艳之作"

这些标题都很有吸引力，这就是 AI 的优势，可以帮助我们快速找到写作法门，提高工作效率，拿到结果。

了解优质标题的标准之后，每次写完标题，都可以对照这些标准衡量。如果对自己的标题不满意，就让 ChatGPT 生成几个同类型的标题，选择你喜欢的标题使用即可。

当你不知道应该选择哪个标题时，要从旁观者的角度去看，即如果你是读者，在一个平台上看到了这几个标题，哪个让你更有欲望点击阅读呢？不要深度思考，而是要下意识判断。"下意识"才是读者的阅读习惯。

请记住一点，能吸引你的标题往往也能吸引读者，反之亦然。写文章的时候，你代入的是作者的角色；写完文章，你代入的必须是读者的角色。

02 ｜ 爆款标题的五大写作技巧

为什么有些作者的文章篇篇阅读量 10 万 +，而有些作者的作品明明质量也很好，却没有阅读量呢？大概率是标题的问题。很多作者，还坚持使用传统的标题模式，比如《背影》《母亲的爱》《父爱如山》。这样的标题，如今的市场有限，我们必须拥有爆款标题的思维，根据不同平台的要求，写出适合读者、适合平台的标题。

那么，到底什么样的标题才符合新媒体时代平台和读者的要求呢？除了要满足吸睛、精练、扣题这三个基本标准，还有没有什么更实用、落地的标题拟定技巧呢？接下来分享五大爆款标题的写作技巧，你可以直接使用。

设置悬念，拉高期待

推理电影之所以让人看得欲罢不能，是因为一开始就布下了悬念，这个悬念就像钩子一样，吊起观众的好奇心，吸引观众看下去。同理，写文章也是如此，在标题中设置悬念，就是在调动读者的好奇心。

那么，应该如何设置悬念呢？有如下 2 个方法。

方法一：反常法。

示例标题：《研究生毕业当保洁，211 大学毕业 5 年存款 5000 元？》

这是一篇爆款文章的标题，运用了反常法制造悬念。读者看了这个标题，心里会充满疑问：为什么研究生毕业要去当保洁呢？学历这么不值钱了吗？他究竟经历了什么？211 大学毕业 5 年存款 5000 元，这也太少了吧？当读者产生了疑问，就会想要阅读文章，寻找问题的答案。这就是一个成功的有悬念的标题。

还有一个爆款标题：《降薪一万元去端盘子、送外卖、卖衣服，她们更快乐了吗？》

"降薪一万元"很反常，和我们平时看到的升职加薪不一样，所以能引起读者的好奇心。

想用反常法来写标题，需要浏览整篇文章，看看哪里是最反常的，把这个细节抓出来，在标题上突显即可。

"反常"究竟是什么？反惯例、反常识、反规则、反风俗、反逻辑等，只要和平日生活中常见的现象不一样，就可以作为反常点来对待。

方法二："半遮面"。

示例标题：《让人十倍式成长的秘密，竟然是这个字！》

"千呼万唤始出来，犹抱琵琶半遮面"，这就是"半遮面"的美妙之处，露半面，遮半面，让人猜测遮住的那一面究竟是什么样子。

用在标题上，即话只说一半，一半明说，一半遮掩。

看到这个标题，读者一定忍不住想：让人十倍式成长的秘密，究竟是哪个字？如果不看文章，这个问题就会一直留在心里，像挠痒痒一样，让人特别想知道答案究竟是什么。

如何运用这个技巧？找到文章核心，写成一句话，一半是原因，一半是结果。可以只呈现结果，模糊原因；也可以只呈现原因，模糊结果。总之，说一半，留一半，就能达到"半遮面"的效果。

我们做个小练习，运用所讲的技巧修改标题。

主题："精神上的自律"，拉开了人与人之间的差距。前面是原因，后面是结果。

根据这个主题，能够写出什么标题呢？

《真正拉开人与人差距的，原来是这一点》。

《正是这一点，真正拉开了人与人的差距》。

《"精神上的自律"到底能造成哪些不同的结果？》。

人性弱点，激发欲望

无论性别、地域、爱好、工作差异有多大，人性都是相通的。如果能利用人性弱点来设置标题，将会达到事半功倍的效果。因为这样写出来的标题受众更广、传播速度更快，评论也更热烈。

怎么利用人性的弱点写标题呢？

最简单的方法就是顺应人性的弱点。

人性的弱点有懒惰、贪婪等。

顺应懒惰这个弱点写标题：《三分钟学会变美小技巧》《十分钟教你入门 PPT》。这样的标题一看，就能为自己省力、省时间，完美符合人性的懒惰心理，自然会有阅读的欲望。

顺应贪婪这个弱点写标题：《100 个思维模型精华汇总来啦》《春日穿搭请查收，27 款小众设计不撞款！》。这种标题让读者感觉能得到很多干货内容，就会特意收藏起来。

除此之外，还可以在文章标题中透露文内送福利或礼物，人看到免费的礼物，就会蠢蠢欲动。

思考一下，你的文章如何顺应人性弱点、激发阅读欲望呢？

群体特征，抓人眼球

思考一下，你平时关注的自媒体文章都分属哪些类型呢？你关注的和你朋友关注的类型一样吗？你所关注的领域和自己的生活、工作、家庭、爱好有关系吗？认真分析完以上问题，你大概率会发现，自己平时关注的文章，都是和自己的群体特征强相关的。

怎么利用群体特征起标题呢？可以大致分为这几类。

第一类：具备地域特征。

如果你的文章主题是关于某个地区的，那么可以在标题中写明。比如，有个阅读量 10 万 + 的文章，标题是《东北，曾经也很狂》，这就很特别，只要是东北人，大概率想要点进去看看到底写了什么。大家会关心和自己居住区域相关的信息，所以，把地域名字放在标题中，天然对同地区的人有强烈的吸引力。

如果总是对写出来的标题不满意，可以召唤"人工小助手"ChatGPT给我们提供思路。

提问： 写出具有甘肃地域特征的标题，围绕高额彩礼主题。

---

⑤ ChatGPT

1. "甘肃彩礼数字惊人！探秘西部婚嫁风俗背后的故事"

2. "甘肃彩礼：传统与现代的碰撞，你不得不知的事实"

3. "甘肃高额彩礼：金钱背后的文化血脉和家族传承"

4. "天价彩礼，甘肃婚嫁中的独特仪式"
5. "走进甘肃彩礼的离奇世界：财富象征与爱情的交融"
6. "甘肃彩礼之谜：豪华嫁妆背后的社会压力与价值观"
7. "甘肃彩礼：金钱与尊严的纠葛"
8. "彩礼背后的故事：甘肃传统婚俗的深层探索"

以上标题是 ChatGPT 提供的，能看得出，有的标题比较普通，但有的质量还不错。我喜欢第一个标题。

之前我们的文章标题，都是团队小伙伴一起"头脑风暴"出来的，非常浪费时间，有时候，一上午只能想出一个标题；有了 AI 之后，工作效率得到了极大的提高。

第二类：具备爱好特征。

如果你是一个爱美的女生，你可能会关注很多美妆、护肤、发型设计、穿搭审美等方面的内容；如果你是一个爱踢球的男生，那么你可能会关注球类赛事、时事政治、新闻热点等方面的内容。不同的人有不同的爱好，设计标题时可以尽量多地抓取关键词。

我们以小红书的笔记标题为例，来感受一下具备爱好特征的标题是怎么写的。

截至目前，ChatGPT 不具备实时准确抓取其他网页数据的能力，Bing 的 AI 聊天工具表现也不够好，但我们有其他分析类工具可以用，比如新榜。

新榜是专注于新媒体平台，如小红书、抖音、公众号等平台的数据与内容分析的网站，其首页如下图所示。

切换到小红书页面，就可以查看最近的各领域的爆款笔记。

单击目标领域，查看相关爆款笔记，可以发现，这些爆款笔记的标题都迎合了不同群体的爱好、需求，如绘画、舞蹈、阅读等。更有突出者，不仅明确爱好的类型，还直接告诉读者自己的内容是什么，更一目了然，更能吸引具有相同爱好的用户关注。

如果不想让读者对你的文章"不理不睬"，你就得想办法，在标题上制造与读者之间的相关性。这个相关性越强，读者阅读文章的概率越大。如果你的标题与读者没关系，那么你的文章也与读者没关系。

第三类：制造冲突，增强张力。

恰如文章不喜平，标题更不喜平。一个看了标题就能被预测到全篇讲什么的文章是毫无吸引力的，有冲突才有看点。比如，一部电影的高潮，就是各种角色产生冲突的时候，观众都在等着看角色会有怎样的举动，以及会怎样推动情节变化。

怎样运用这个技巧呢？我们看两个标题实例。

《28 岁，不结婚，花 50 万生了个娃》

《自由的子宫，比靠谱的老公更安全！》

这两个标题，包含了女性与男性的冲突。

因此，把文章中最具冲击力的情节提炼出来，写成一句话作为标题，效果肯定是那种平淡的标题所不能比拟的。冲突可以是立场冲突、人物冲突、事件冲突等，要能让读者心起波澜。

第四类：凸显情绪，引发共鸣。

文章标题，拼的是能在读者心中留存的时间。当标题能激发读者藏在心里的情绪时，标题和读者之间的关系就不仅仅是文字与人了，而多了情感的流动。

情绪是激发用户点击冲动的按钮。情绪都有哪些类别呢？悲伤、愉悦、痛苦、愤怒、怨恨、愤懑、快乐……把关键性情绪表露在标题里，有非常好的效果。

这些情绪大致分为两类：一类是负面情绪，一类是正面情绪。一般来说，负面情绪的传播效果大于正面情绪，因为人很难忍住负面情绪，很多读者看了让人愤怒的文章后，会想要吐槽、评论、讨论等。这样的文章不仅阅读量高，互动性也很强，因为读者在感受到情绪后，很可能会转发给自己的朋友、家人，让他们看完后与自己讨论。

正面情绪的标题举例如下。

《一个人最高级的活法：慢》

《人到中年，静而不争》

《有一种淡然，叫顺其自然》

负面情绪的标题举例如下。

《反转！湖南男子冒死在珠峰救下的那个女人，让所有人寒心……》

《突然被骂上热搜的"米粉蒸肉"事件：远离你身边有毒的"善人"》

《武汉小学生被撞身亡 10 天后，妈妈跳楼身亡：世间最残酷的，莫过于此》

知道和做到之间有非常大的差距。很多人看了干货书，总感觉自己明白了，动手一做，才发现自己做不出来。所以，了解这些技巧还不够，大家需要在写作中多加练习。

你喜欢哪类标题，可以尝试用这些标题特性去写标题并优化，逐渐形成自己的知识体系。

03 | 确定标题的五大思考方向

很多人私信问过我同一个问题：花了很长时间写好文章，最后卡在了标题上，实在不知道哪个标题合适，想写个优质标题却毫无头绪，怎么办？这可能是困扰很多作者的问题。

当你不知道起什么标题时，可以从以下五大方向入手寻找思路。

一、提炼主题、概括核心思想式标题

这是最简单、实用的方法，当你不知道该如何起标题时，问自己几个问题：这篇文章的主题是什么？核心思想是什么？最想要表达的是什么？这些问题的答案可能是一段话，尽你所能把这段话压缩成几句话，或者把这段话发给 ChatGPT，让它提炼出最重要的核心。这个核心就是全文的中心思想，很可能会成为你的标题。值得注意的是，在提炼核心思想时，不要跑题，如果自己都没有抓住核心，标题很可能起错。

举例如下。

《早起，比熬夜更可怕》

这个标题非常简短、醒目，能够让人产生好奇：为什么说早起比熬夜更可怕呢？这种可怕不是传统意义上的可怕，而是早起的人意志力更强大，更能掌控自己的人生。这就是全篇重点，直接提炼成标题。

《惊人的"圈子定律"：和谁在一起，真的很重要》

这篇文章写的是和优秀的人在一起，你会学习到很多优秀的习惯，逐渐变得更优秀。同理，和堕落的人在一起，你很可能沾染不良习惯，从而变得颓废不堪。你想要成为谁，就要和谁在一起，这就是文章的主旨。这个标题精准概括了文章的核心观点。

《成人的世界：只筛选不教育，只选择不改变》

当别人的观点和立场跟你不同的时候，千万别试图说服对方和教育对方，这世界上没有一个人是可以轻易被改变的——这是这篇文章的核心观点,以此为据,稍加提炼总结,就写出了标题。

《一个家庭最大的悲剧:不是困于贫穷,而是死于沟通》

文章列出了父母与子女之间的矛盾和误会,指出了当代家庭中存在的沟通困境,点出了一个事实:父母都在等儿女一句感谢,儿女却在等父母一句抱歉。之所以造成这样的局面,就是因为没有沟通,把文章中心思想找出来之后,标题便水到渠成。

二、金句式标题

金句式标题也是基于核心思想提炼的。普通的标题是直白地把观点写出来,进阶的做法是通过变换词汇语序等方式,把观点写成金句。这样做的好处是更精练、直抵人心、朗朗上口,让人过目不忘,非常有冲击力。

举例如下。

《一个人最大的成熟,是克制自己的反驳欲》

真正睿智的人,会克制自己的反驳欲,懂得讷于言而敏于行,这才是为人处世的最佳法则。这句话是全文的核心观点,如果精简一下,直白地写成标题,可以,但是多多少少会减少魅力。现在的标题《一个人最大的成熟,是克制自己的反驳欲》,是典型的金句式标题,我们可以仿照这个结构多写几句话,如《一个人最深的爱,是克制自己的占有欲》。

把"一个人最……,是……"这个结构提炼出来,你可以造出很多句子。根据这些句子做优化处理,摘抄记录之后,即可提取出金句框架,举例如下。

《所谓的高情商,是懂得边界感》

用句式"所谓的……是……"造句:"所谓的智慧,是懂得活在当下。"

《低层次的聪明,比愚蠢更可怕》

用句式"低层次的……,比……更……"造句:"低层次的人脉,比没有人脉更麻烦。"

此外,可以自己提炼句式,并把句式发给 ChatGPT,让它生成更多新句子。

> **提问：** 参考如下标题风格，生成"你所谓的……是……"句式的关于自律的文章标题。
>
> 《所谓的智慧，是懂得活在当下》
> 《低层次的人脉，比没有人脉更麻烦》

ChatGPT 基于您提供的标题风格，以下是使用"你所谓的……是……"句式的关于自律的文章标题。

1. 你所谓的舒适区，是限制自己的成长。

2. 你所谓的放纵，是对自己懒惰的妥协。

3. 你所谓的娱乐，是逃避现实。

4. 你所谓的忙碌，是疏于时间管理的借口。

5. 你所谓的"佛系"，是不珍惜自己的潜力。

需要注意的是，AI 生成标题的随机性很大，有的标题可能特别惊艳，有的则可能特别平庸。如果 AI 生成的标题不满足要求，可以先让它多生成几次，再在 AI 生成的基础上进行修改。

三、故事式标题

当你的文章属于故事类文章时，可以取一个故事式标题，标题要素主要包括人物、事件、冲突等。把极具戏剧性的内容展现在标题上，可以引发读者的阅读欲望。如果想写好故事式标题，可以多看新闻热搜，因为热搜事件天然地包含一些故事，举例如下。

《为了两千块钱，岳父策划卖掉聋哑岳母》

《做了试管后，我离婚了》

《凌晨 4 点的早餐店，挤满了上班族》

《等待交房的 3548 天》

《承认自己普通后，活着容易多了》

以上这些故事式标题，有非常丰富的联想空间，可以让人产生不同的想象。值得注意的是，故事式标题，一定要有"惊奇力"。惊奇力是什么？是让人无法忍住的好奇，是吊人胃口的悬念，是极具张力的冲突。只有这样才能留住读者。

ChatGPT 在提高标题故事性方面的表现也不错，我们来看一个例子。

提问： 请提供几个故事性特别强的文章标题，标题要能引起人类的好奇心，且与社会现实相联系。

⑤ **ChatGPT** 以下是几个故事性强且与社会现实相联系的文章标题，旨在引起读者的好奇心和思考。

1. "为了一封信，他决定重返故乡"
2. "被禁止的科学实验，暴露了伦理与科技之间的较量"
3. "失落的声音：探寻社会边缘人群的沉默与抗争"
4. "谜一样的遗书，揭开一个家族的秘密与命运"
5. "藏匿在城市中的秘密社区，暴露了社会的另一面"

这些标题都有着强烈的故事性和情感色彩，为读者打开了一扇通往各种神秘、浪漫、悲喜交织的世界的大门，可以引起读者的好奇心和共鸣。

四、提问式标题

提问式标题天然是话题。设计提问式标题，需要注意的要点如下。

第一，标题中的问题要具备一定的共性。

越多人关注这个问题，就有越多人想要点开这篇文章。什么样的问题具有共性？要从人类的底层需求出发，根据马斯洛需求层次理论，人类需求从低到高依次为：生理需求、安全需求、爱和归属感需求、尊重、自我实现需求。如果你的文章是关于这五方面内容的，大概率会获得很多人的关注。人本质上只关注与自己有关的事情，因此，提问时，可以参考这些需求。

举例如下。

《在碎片化学习时代，高手是如何学习的？》

这个标题背后隐含的是人类的自我实现需求，每个人都想要更好地学习、提高自身能力。

第二，标题中的问题要具有一定的反差性。

举例如下。

《为什么朝阳区妈妈选择了"放养式"育儿？》

如果你是一个宝妈，大概率会被这种标题吸引，迫不及待地想要了解"放养式"育儿背后的理念、方法和适用性。这种标题，天然在读者心里放了一个疑问，引导着他去思考答案。

所以，标题要有一些和常识不同的反差性。比如，《为什么有的人明明比你有钱，却总向你哭穷？》这个问题就和常识不一样，为什么有钱人还要哭穷？让人想要揭开谜底。又如，《老公带娃的婚姻，最后都怎么样了？》这个标题，现实生活中，很多家庭都是女性带娃，所以当看到这个标题时，大家会产生好奇，想看看到底发生了什么。

第三，标题的问题要具有价值感。

人是利益导向的，基本不会花时间在一篇不值得看的文章上。只有他觉得这个标题有价值，才有想要点击阅读的欲望。比如，《如何让 5 年后的你，不后悔现在的职业选择？》看起来就是干货类型的文章，非常吸引职场人。又如，《如何在一个月内快速瘦十斤？》这个标题，如果你是一个正在减肥的人，必然不会错过这样的文章。

所以，如何用"提问法"写标题？方法就是要换个思维角度，看看这篇文章里，哪个问题是读者最关心的，直接用最简单的问句问出来。

五、吸引注意力的标题

吸引注意力的标题有哪几类呢？

避雷警示类：这种标题的作用，就好像景区的危险标识语"水深危险，远离此处"，如《千万不要让儿女从事这 3 种工作，钱再多也别做，坚持再久也没有前途》。这种标题是避雷式的，给读者提醒，让他们少走弯路。

空间联想类：给读者一个句子，制造巨大的场景感与故事感，剩下的由读者自己的想象来补全。如《等待交房的 3548 天》，这个标题中的数字足够大，将近十年的时间都在等待交房，这个过程本身就极具张力，漫长的时间，能让人产生诸多联想。

　　开放式结尾类：什么样的故事最有余味？没有结尾的故事。因为不完美，因为有缺憾，所以留下了更为广阔的想象空间。比如，《当一位北大博士，决定去考城管》《当不婚女性开始老去》这些标题中，都是没有故事结尾的，如果你想要知道结尾，就要阅读文章。值得注意的是，这些标题中的故事是必须有意思的，如果很无趣，人们对其结果也并不在意。

　　当你不知道该如何起标题时，就按照这五大思考方向，全部想一遍，每个方向起一个标题。还有更简单的方法，即用上面的案例，让ChatGPT 优化标题。

　　比如，把自己的文章标题发过去，让 ChatGPT 生成提问式标题。

提问： 用提问法帮我优化这个文章标题：《我一个 65 岁农民，现在开始写文章，不知道来得及不？》

---

⑤ ChatGPT

1. "65 岁的农民挑战写作，梦想能否超越年龄的限制？"
2. "农民新笔墨：65 岁起步，能否书写出辉煌篇章？"
3. "从田间到键盘：65 岁农民的写作梦，能否实现？"
4. "年过古稀，文思翻腾：65 岁农民踏入文字世界，可否成功？"
5. "文坛新晚辈：65 岁农民的文学探索之路，有何希望？"

　　当然，你也可以把"提问法"要求换成其他要求，如生成一个反差式 / 悬念式 / 故事式标题；这样做的好处是更精准有力，能够得到有效答案。当然，让 AI 起标题，前提是自己要有非常强大的鉴赏力，如果你面对一堆标题，选不出来适合的，还不如自己起。只有了解读者点击文章的底层逻辑，掌握了技巧，才能预测哪个标题的点击率更高。

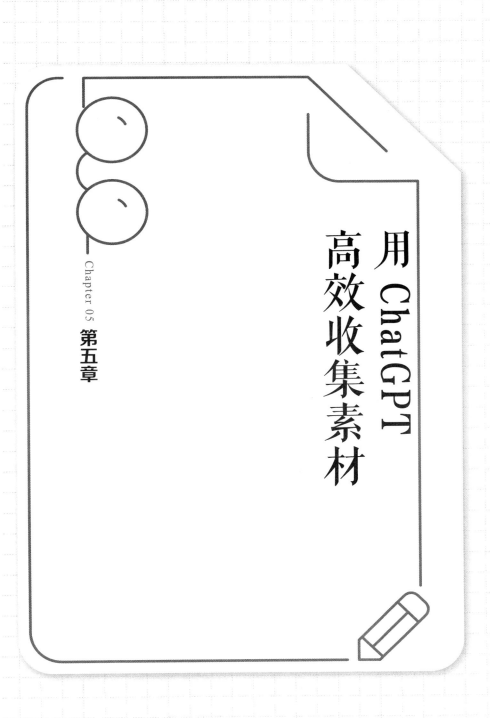

第五章

用 ChatGPT

高效收集素材

01 | 素材收集的六大技巧

是否拥有足够的素材，是写作者能否持续写作的关键，也有很多作者放弃写作，是因为缺乏素材。

其实，写作高于生活，但来源于生活。我们怎样从生活中收集素材呢？

我写作 8 年，一直坚持日更，总结了一套收集素材的方法，分享给你。

广泛阅读

写作是一个持续输出的过程，当你感觉内容匮乏时，要反思一下，是不是自己的输入不够多。输入决定输出，源头活水至关重要。持续通过阅读收集素材，是写作者每日必修的功课。有人说，我知道阅读很重要，可是我不知道应该读哪些书。这里有个小建议：50% 的阅读书目，与你所写的内容同领域；剩下的 50%，选择不同领域的书广泛阅读。

同领域书籍可以帮你加深思维深度，而泛领域阅读可以拓展你的思维广度，纵横相加，可以搭建出一个立体的阅读框架。

如果你不知道某个领域有哪些值得读的书籍，可以让 ChatGPT 推荐。使用 AI 检索自己需要阅读的图书的方法，在第一章详细介绍过，大家可以根据自己的写作需求，快速使用 Bing 的 AI 聊天工具检索，找到适合自己阅读的书单。

注意收集故事素材

如果你在写作时遇见了情节卡点，不知道如何继续写下去，最好的解决方法是收集一些故事素材。可以用 ChatGPT 收集某种类型的故事素材，如哲理故事、婚姻故事、爱情故事、神话故事、职场故事等，选取自己感兴趣的，复制并保存，形成素材库。这样，在不知道怎么继续推进情节的时候，可以翻一翻自己的素材库，找一找方向和灵感。

举个例子。

> **提问：**请提供两个具有代表性的婚姻故事，整理成 200 字左右的故事概要。

> ⑨ **ChatGPT**　罗密欧与朱丽叶（莎士比亚的《罗密欧与朱丽叶》）：这个经典的爱情故事发生在意大利的维罗纳市，两个家族之间的仇恨无情地阻挠了年轻的罗密欧和朱丽叶的爱情，他们秘密结婚，但不幸的事件导致了他们的悲剧结局。这个故事展示了无法抵挡的爱情的力量，以及社会和家庭压力对婚姻产生的影响。
> 安娜·卡列尼娜与基洛夫（列夫·托尔斯泰的《安娜·卡列尼娜》）：这部小说讲述了俄国贵族女性安娜·卡列尼娜与她的丈夫卡列宁，以及花花公子涅伦斯基之间的三角关系。安娜·卡列尼娜为了追求自己的爱情和幸福，放弃了婚姻和社会地位，最终导致了她的精神崩溃和悲剧结局。这个故事探讨了婚姻、道德和社会规范之间的冲突。

这是一个非常简单的示范，在写作过程中多多训练 ChatGPT，它生成的内容会给你带来惊喜。

当然，日常生活中也会发生很多故事。我们每天的工作、生活、学习，就在经历不同的事情，当你和别人交流，听到了比较好玩的故事时，可以迅速记录下来；在日常看电影、看电视剧的时候，看到了比较新颖的故事片段，也可以随手记下来，以后很可能用得到。

注意积累人物素材

如果你的故事中的人物形象不够鲜活，说明你应该多收集人物素材。怎么收集呢？找几个和你的故事主人公很相像的真实人物，然后让 ChatGPT 讲述人物故事。

假设你深耕新媒体写作领域，主要写作内容是人物稿，那么找到更多值得写的人物其实并不容易，毕竟搜索引擎上的内容比较粗浅，且存在很多谬误。想要对一个人物有非常深入的了解，最好的方法是阅读人物传记，可是传记类图书通常比较厚，短时间内很难从头到尾读完并迅速提取关键内容。

在这种时候，AI 就可以发挥它的优势。如果我们现在不知道该写哪位人物，可以使用第一章提到的方法，让 ChatGPT 推荐人物相关的传记，知道了书名之后，输入书名，让它提取核心故事，这就相当于给它规定了一个框架，让它在框架中找故事，这比自己手动搜索资料更快。

现在，你手头有了几个同类型人物的故事，可以通览这些内容并进行剖析：这些人物的共同点是什么？不同点是什么？他们分别做出了哪些选择？家庭背景、婚姻状况、事业工作是如何影响他的？他的生活中出现过什么转折和意外？这些转折和意外怎样改变了他的命运？

真实的人物经历往往很精彩，当你分析完这些，想必对于如何设置主人公的性格、成长、背景等内容就深有体会了。高级的小说，是让读者以为你笔下的人物是真实存在的。如何才能让人物看起来像真实存在的？你得先研究真人，才能写得像真人。

收集整理图片素材

如果你写小说时遇见了场景描写的困难，可以先根据主人公的身份，判断他的生活环境。

比如，他是职场白领，那他可能出现在环境优雅的咖啡厅、办公大楼、商场大厦等地方；如果他是农民，那他可能出现在田地、镇上的集市、小卖部等地方；如果他是大学生，那他可能出现在学生宿舍、教学楼、操场等地方；如果她是家庭主妇，那么她可能出现在超市、厨房、育婴室等地方。

根据主人公的经历判断他可能出现的地点后，可以使用 AI 绘画工具，如 Midjourney 等，通过短语提示词，生成独一无二的"剧照"，将存在于自己脑海中的设定以图片的方式呈现出来，这些图片可以是人物设定，也可以是定格的某个情节片段。有了直观的图片之后,对照图片进行描写,既可以激发自己的灵感和写作热情,也可以让写出来的内容更有代入感。

音乐素材

写作是一个相当丰富的过程,我们不仅可以通过阅读文字获得素材,也可以通过聆听音乐获取素材。比如,写主人公的至暗时刻时,你写不出悲伤的感觉,那就可以尝试用伤感的音乐来调动情绪。沉浸式听这些音乐中的故事内容,细细地感受流经身体的情绪,在这样的氛围下,你写出的文字可能会更有感染力。

写作是一个需要情绪的工作,你有悲伤的情绪,才能写出悲伤的故事;你有欣喜的情绪,才能让读者感受到欣喜。作者的情绪要和内容的情绪高度一致。

所以,你需要未雨绸缪,把情绪按照喜怒哀乐分类,与相应的音乐匹配,收集、汇总、整理,建立一个音乐库。

需要写快乐的情节,那就打开音乐播放软件,听欢快的歌曲;需要写分别的情节,那就听听分手主题的歌曲,感受难过的情绪。沉浸式听音乐,细腻地感受歌词、曲调、节奏,能让人产生很多画面联想,这些联想到的内容,都是你的写作素材。

收集视频素材

在短视频泛滥的今天,很多人都容易沉迷其中。短视频是双刃剑,我们应当如何正确看待它呢?

如果你仅因为无聊看短视频,那就是纯粹娱乐,消磨时间;如果你是一个写作者,看短视频是为了了解爆款短视频的创作逻辑,那就是在学习。

作为一个创作者,你应该在短视频中学习什么?

1. 寻找你的目标读者

现在的短视频，天然就是庞大的素材库。各个阶层、各个行业中的各类人物，都在短视频里上演着不同的故事。你可以每天去看热门视频，看一看这些视频的受众是什么类型的人，分析他们为什么会喜欢这样的视频，以及这些视频的类型是不是和你的写作类型相匹配。

找到和你的写作领域、写作风格相符的热门视频，提取其中的故事要素，梳理这些短视频吸引人的关键点，并将这些关键点融入自己的创作之中，有助于让自己的作品收获更多的读者。

2. 寻找社会热点

如果你在写现实主义类型的小说，可以在情节里加入一些社会热点事件，从而更好地反映真实生活。

我在小说《云端》中写到主人公何光直播自杀，就是当时看到一个新闻报道产生了灵感。

热点新闻会迅速反馈在短视频上，甚至很多新闻热点是因为有短视频大量、迅速地传播，才得以发酵，所以，如果你不是一个有精力时刻关注各种新闻热点、新闻动向的人，可以在每天的固定时段看一看短视频，从短视频中了解发生了什么事情。此外，从视频的评论区中可以看出普通大众对于这样的热点新闻是一种什么样的反应。很多视频的评论非常精彩，是非常好的写作素材。

注意，观看短视频时，要有重点、有目的、有方式，尽量避免自己无目的地淹没在短视频的海洋里，忘记了收集素材的初心。

本节讲了用 ChatGPT 收集素材的六大技巧，在收集素材的过程中，我们要把 ChatGPT 当成一个辅助工具，而非竞争者或全能的替代者。

虽说 ChatGPT 有很多优点，如数据库庞大、效率非常高、生成功能强大，但它的缺点也不少。

比如，它不理解人情世故和社会风俗，有时会出现一些逻辑错误，只能根据算法做出相关性判断，缺乏人类灵魂的丰富性和多变性。

ChatGPT 生成的东西，可能会模式化、刻板化、规则化，所以，它创作的内容可能不那么直击人心，需要使用者去调控和修改。

总之，我们可以使用 ChatGPT 获取灵感，但不能全然照搬其生成的内容。

02 | 素材整理的三种方式

很多人有这样的困惑：随时随地收集素材，但真正"卡文"，急用素材的时候，发现自己的素材库里一团混乱，什么都找不到，非常头疼。如何整理素材，才能做到有效分类，从而在最短的时间内找到最适合的素材？

接下来介绍三种整理素材的方法，让你的素材库一目了然、井然有序。

建立小说写作素材库

我写了十几部小说，深深明白写小说是一个庞大的工程，从开始到结束，经常需要使用各种各样的素材。如何保存这些素材呢？可以按照素材类型来分类。把小说写作素材库想象成一栋大楼，可以在每层设置不同类别的素材，比如，在电脑中新建多级文件夹，第一级文件夹命名为写作素材库，第二级文件夹命名为小说写作素材库，并在小说写作素材库中分别设置几个第三级文件夹，具体文件夹命名及内容可参考以下内容。

1. 人物构造素材库

一部小说最核心的是人物，如何构建一个随时可以取用的人物构造素材库呢？可以从以下几个方面来考虑。

（1）家庭背景

真实世界里，每个人的性格和家庭环境密不可分，但是在小说写作中，很多人都忽略了家庭背景，导致读者觉得人物的做事风格、性格特点没有依据。因此，想要设计好一个人物，必须明确他的家庭背景，这是他成长的根基和土壤。

作者可以把自己收集到的人物素材详细拆分，他有什么样的家庭？有怎样的父母、怎样的兄弟姐妹？从小经历过什么大事件？对他造成了什么影响？这些都是人物塑造的重要组成部分。收集了几十个不同的家庭背景后，写这方面的内容就有了比较全面的参考系统。

（2）人物性格

如果你觉得自己笔下人物比较寡淡，很可能是因为人物性格没有设计好。很多人把自己的主人公设计成了扁平人物，只有单一的维度：好人没有缺点，坏人一坏到底，没有优点。这样的性格虽然鲜明，但不真实。真实的人物都是立体的，是复杂的，是多维度交叠的。

所以，当你看书、看剧，发现一些人物比较有魅力时，可以分析一下他的性格特征有哪些，把这些人物性格分析全部放进素材库，可以按需分类，如友善型、乐观型、悲观型、粗枝大叶型、心思细腻型、恋爱脑、理智脑等。

如果不确定都有哪些分类，可以求助于 ChatGPT，让它给出小说人物性格分类，并举一些广为人知的例子。

> **提问：** 请列出小说人物性格的所有类别，并举一些例子，分析例子中的人物性格。

> ⑤ **ChatGPT** 作家在创作小说时可以赋予人物不同的性格特征，以下是一些常见的小说人物性格类别，及例子中的人物性格分析。
> 1. 英雄 / 勇士：勇敢、坚毅、正直。例如，"哈利·波特"系列中的哈利·波特，他展现出勇敢的特质，不畏艰险地面对邪恶势力，坚定地追求正义。
> 2. 反派 / 恶棍：邪恶、冷酷、狡猾。例如，《傲慢与偏见》中的费茨威廉·达

西，他曾以傲慢和冷漠的态度对待他人，追求自己的私利，不顾他人感受。

3. 冒险家 / 探险者：好奇、具有冒险精神、喜欢探索未知。例如，《夺宝奇兵》中的印第安纳·琼斯，他对历史和宝藏充满好奇，敢于探索危险的地下墓穴和神秘的遗迹。

4. 智者 / 导师：聪明、睿智，给予主角指导。例如，《星球大战》中的欧比旺·克诺比，他是一位有着丰富智慧和经验的绝地武士，能为主角提供重要的指导和支持。

5. 平凡 / 普通人：普通、平凡，通常在故事中起到引导读者的作用。例如，"哈利·波特"系列中的赫敏·格兰杰，她是一个普通但聪明的女孩，通过她的视角，读者可以更好地理解魔法世界。

6. 浪漫 / 梦想家：浪漫、富有幻想，追求梦想和理想。例如，《简·爱》中的简·爱，她是一个富有梦想和独立思考能力的女性，勇敢地追求自己的自由和幸福。

7. 善良 / 仁慈：善良、友善，愿意帮助他人。例如，《小王子》中的小王子，他有纯洁善良的心灵，关心他遇到的每一个人。

8. 坚毅 / 顽强：坚韧、不屈不挠，克服困难。例如，《麦田里的守望者》中的霍尔顿·考尔菲德，他面对困惑和挫折时展现出顽强的意志，坚守自己的原则和信念。

9. 双重人格 / 复杂人物：复杂、矛盾，有多重人格或深层次的内心斗争。例如，《福尔摩斯探案集》中的福尔摩斯，他是一个极具才智但性格古怪的侦探，有冷漠和孤僻的一面。

10. 幽默 / 滑稽：幽默、滑稽，给人带来轻松和欢笑。例如，《疯狂的麦克斯》中的麦克斯，他是一个具有幽默感和滑稽行为的角色，为故事增添了不少欢乐。

　　按照这几种分类，我们可以慢慢充实自己的素材库，在写作中随机挑选几个性格组合在一起，形成新的人物设定。就像爆火的电视剧《狂飙》，反派角色之所以让人印象深刻，是因为其性格很复杂，有很坏的一方面，也有对亲人朋友真情实感的一方面，这样的人物才是饱满的、真实的、立体的、多维的。

（3）言谈举止

很多人写小说时卡在语言描写和动作描写上，不知道该怎样下笔。这时可以多多阅读优质小说，把比较精彩的段落、句子、词汇摘抄下来，填充在素材库中。一个人的言谈举止与家庭背景、人物性格是统一的，农民的说话方式与知识分子的说话方式是截然不同的，把不同类型的人的言行举止描写分别放在不同的文件夹里，更方便参考。

2. 主题思想素材库

主题思想是小说的定海神针，如果没有主题，或者主题游离，很容易让整部小说没有重心。小说不仅仅是讲述一个故事，更是通过故事来向世人传达某些观点，这是初学者最容易忽略的事情。从文学史上来看，只有主题足够明确的小说，才能历久弥新、流传后世。那么问题来了，你的小说想要表达什么呢？剥离表面的故事，你的文字剩下什么核心呢？这个问题思考过吗？

建立一个主题思想素材库是重中之重。在阅读各类小说的过程中，你要学会不断总结这部小说的核心要义，以及该核心要义是如何通过故事呈现的。

比如，《红楼梦》表面写的是爱情故事，其实主题思想是通过这个悲剧故事，讽刺封建社会制度的腐朽落后。《西游记》表面写的是师徒四人去西天取经，主题思想则是通过这个与妖魔鬼怪斗争的历程，来批判当时的黑暗社会，歌颂不屈不挠的斗争精神。《水浒传》表面写的是108位梁山好汉的故事，主题思想则是揭露社会矛盾、统治阶级的罪恶。《三国演义》表面上构建的是一个三雄争霸的局面，主题思想则是表达人民对于仁政的向往，以及对暴政的厌恶。

当你学会了这样分析小说，你的主题思想素材库会越来越充实。如果你看完了一本小说，却无法提炼它的主题思想，可以询问 ChatGPT，先让它帮你概括、总结，再去结合故事细细体会应该如何借鉴和参考。

3. 社会话题素材库

没有灵感时，不如上网看看每天都在发生什么新鲜事。我很喜欢看热点新闻，每次都能从中看到人性的复杂。有的事件让人大吃一惊，比"狗血"的影视剧还复杂。

写作者可以为自己建立一个社会话题素材库，收集网友对同一事件的不同角度的评论，从中采撷灵感。也可以看看其他"大V"是如何解读各类事件的，比较有价值的文章链接，可以加以保存。

我的小说《云端》就选取了一个社会热点话题：网络暴力。如何看待网络暴力，如何制止网络暴力，这些都是我想要呈现给读者的。希望大家读完小说后，也可以进行反思。

记录不是结束，而是开始，通过记录，可以持续不断地完善你的思考。

如此，参照这些分类，你还可以构建环境描写素材库、情节设计素材库、开头结尾素材库等。如何确定自己该构建哪些素材库呢？从自己最薄弱的方面开始，哪些方面经常成为你的写作卡点，就优先做哪些方面的内容整理。

建立观点文素材库

如果你主要写新媒体观点文，那就必须构建一个观点文素材库。这可以节省你大量的时间，不断又快又好地产出观点文。具体怎么做呢？

1. 开头结尾素材库

一个好的观点文，必须在开头就抓住读者的兴趣，吸引他一看到底。建议大家在大量阅读优质观点文时，一边看一边思考：这个开头有吸引力吗？如果感觉不错，可以摘录后进行拆解，分析这个开头的吸引力是从何而来的？哪里写得比较好？有什么值得借鉴的地方？我应该如何运用？源源不断地更新的开头结尾素材库，能帮助你逐渐熟练地写出"凤头豹尾"的文章。

2. 观点素材库

写观点文，最重要的当然是观点。一个别出心裁的观点，能让整篇文章脱颖而出。有人问：我是一个想法很少的人，也不常表达自己的观点，应该如何提升自己的观点敏锐度呢？

我们可以从这些方面入手，充实自己的观点素材库：从热点文章评论区中找观点、从爆款视频标题中找观点、从经典书籍中找观点……如何让自己的观点更有新意？可以用反向思考法、深度挖掘法、纵向延伸法等。

3. 案例素材库

观点文的框架是主干，案例是血肉，丰富多样的案例是必不可少的。建议大家时刻留心收集案例，按照不同类别放入素材库中。这些案例可以来源于真实生活，也可以来源于网络、书籍等。

写案例要注意，不必把案例全盘复述，这样内容过长。可以挑选比较有代表性、新颖的素材，进行归纳，用几句话把案例写出来。如果自己归纳比较费精力，可以交给 ChatGPT，让它对长内容进行精简，浓缩为几句话。

举个例子。

提问： 请把以下一段话，简化成 100 字左右的故事，其中若有错误，要注意修改。

在这 365 天里，她坚持每天讲课、学习、总结，阅读了近一百本关于写作的书。她的发现是，不论是知名作家，还是新人作者，所传达的核心思想都有着相似之处。她逐渐明白，写作的关键在于不断地实践和锻炼，只有这样才能不断提高。基于这一领悟，她更新和升级了自己的课程，将重点放在解决学员在写作中遇到的困难上。

她说："从那之后，我逐渐接受了自己的老师身份。以前别人叫我老师，我总是说请称呼我'无戒'。现在我对于老师这个身份有了更深刻的理解，我意识到能够帮助别人是一种功德，称谓只是一个称谓而已。'老师'这个称谓时刻提醒着我要更加努力，不断精进自己的能力，同时更好地服务大家，让大家的写作梦想不再是梦，不辜负那些相信我的人。"

她的佛系招生方式仍然吸引着许多人。这种方式建立在口碑的基础上，很多新加入的朋友是通过学员介绍而来。正是因为他们的信任，她一直坚持不懈。她在自己的写作课程中规定学员按要求写作业能够退还学费，目的只是希望所有加入的伙伴能够真正实现成长，写出优秀的作品，永不放弃。

在 2022 年 2 月，无戒被西北大学文学院录取，开始了为期三年的系统理论学习。这是她向更高层次努力的结果，能进一步提升自己的写作水平。

⑥ ChatGPT　无戒每天讲课、学习、总结，看了近百本写作书，悟到写作需要多写多练，她不断升级课程解决学员的写作困境，并接受老师身份，服务学员圆写作梦，帮助学员成长。2022 年 2 月，她被西北大学录取，开始为期三年的理论学习，坚持不懈，提升自己。

对 ChatGPT 精简后的内容加以整理，放进素材库，待需要的时候，直接拿出来使用即可。

在使用案例的过程中，需要根据主题进行升华、改编。所以，整理故事素材时不必在意内容是否完整。如果你使用的时候突然想不起其中的细节，有时可以虚构细节，使作品更加完整。

按照以上方式有序构建素材库，写作会更顺畅。

使用 ChatGPT，可以帮助自己构建素材库，但是素材在手，并不代表写作无忧。每个人的大脑都是独一无二的，大家可以通过对素材进行不同程度的拆分组合，尝试写出更多新奇的内容。

03 | 素材积累的三大方法

我们之前讲了收集素材和构建素材库的方法，在这些环节中，

ChatGPT 可以起到辅助作用。但 AI 不是万能的。本章介绍三种方法，可以做好独一无二的素材积累，能够成功和别人拉开差距，拥有个人特质明显的素材。

作家之眼，学会观察

很多人的素材是从网上摘录的，有的空泛，有的老套，有的枯燥，这会导致文章内容不够新颖，同质化严重，读者感觉文章内容司空见惯，作者很难形成独特的个人风格。有没有什么方法可以改变这种状况呢？

教学七年来，针对这个问题，我想了很多解决方法，其中一种是要拥有作家之眼，学会观察。培养作家之眼，是无戒学堂首创的写作训练活动之一。这个活动广受好评，很多学生说，参加这个活动，仿佛发现了另一个世界，同时拥有了更丰富的写作素材。

作家之眼是如何训练的呢？把自己想象成非常知名的作家，认真细致地观察这个世界的细节并进行写作训练。比如，先观察你今天看到的一个路人，他的面部表情、肢体语言、着装特点等；再进行全方位描写，或者侧面描写细节，比如，布满红血丝的眼睛、饱经沧桑的双手。这些你看到的东西，都是你的素材来源。

人与 AI 有什么区别呢？同样面对一双饱经沧桑的双手，AI 可能会用各种修辞手法来写，但是不管怎么写，都只停留在很浅的描写层面；而身为作者的我们，能在观察的过程中充分发挥人的主观能动性，见微知著，引申到他的工作、生活的艰辛。

以描写大树为例，AI 只会描写树的形态和外在特点，那如何利用作家之眼去写呢？把思绪放空，盯着一棵树看几分钟，激发更多特别的灵感——你不止能看到一棵树，你还能看到岁月，看到命运，看到故乡，看到新生和死亡，看到祖祖辈辈日出而作、日落而息地耕耘，看到一代代的轰然坍塌与一代代的茁壮崛起……

每天花 3 ～ 5 分钟的时间，练习观察身边的一个事物，每天写一小段文字，坚持一年，写作能力一定会大幅度提升。

深入生活，沉浸体验

很多时候，因为工作、生活节奏很快，我们根本就没有对周边事物上心。按部就班地上班、机械粗糙地生活、周末宅在家里刷手机……这样的生活是无法产生灵感的，因为心是封闭的、麻木的，没有真实地体验生活，素材自然是乏味的。

很多人写小说，写得很悬浮，跟现实世界根本不接壤，人物塑造扁平、环境描写虚幻、工作细节模糊，这是因为他虽然生活在现实世界中，但从未认真体验过。

我始终认为，作家的第一要义是生活，生活也是创作的一部分，而且是重要组成部分。不会生活的作家，是无法创作出好作品的。因为文字所表达的都是作家经历的东西，你本身没有察觉到的，自然不会呈现在文字中。从真实体验转化为纸上文字，这中间必然是有折损的，因此，文字只能少于我们所体验到的情感，不能超过。

那如何深入体验自己的生活呢？

好好体验自己所扮演的角色。如果你是一个上班族，那就认真工作，在工作中体验职场冷暖；如果你是一个家庭主妇，那就好好照顾孩子、做好家务，从这些日常中体验作为主妇的感受。每一个角色都是非常重要的，也是很独特的。我们都很容易因为习以为常而被蒙蔽眼睛，沉浸式体验生活，能发现之前未曾发现的优质素材。

我有个学员是家庭主妇，她说自己实践这个方法后，整个人都变了。她在无聊枯燥的生活中发现了很多乐趣，看到了孩子的可爱、老公的负责，也培养了诸多兴趣，整个人更积极、更乐观，同时，她扩大了交流圈，每天都在积累写作素材。

想要沉浸式体验生活，还有一条很重要，那就是认真感受自己的情绪，不要对抗情绪。现在很多人在讲求管理情绪，仿佛情绪是一个很不好的东西，但事实上，情绪是我们生而为人最自然的生理反应。没有情绪的人是不存在的。

当你有了情绪，就可以觉察到自己身上发生了什么变化，记录下心理上和生理上的微妙起伏，这是相当珍贵的。很多人写情绪，写得毫无特点，那是因为他们没有真正体验过这些情绪。只有真正体会过喜怒哀乐后，才会知道，原来真实的反应竟是这样的，下次才能写得更好。这一点是 AI 所不能及的，它只能在已有的信息库里选择、组合文字，无法作为一个真实的人，去感受自己的情绪变化，自然无法写出打动人心的内容。

深入体验生活时，我们还可以打开感官，去感受身边的事物。正常人习惯用眼睛获取最多信息，但视觉不是唯一，我们要学会综合运用五感。视觉、听觉、触觉、嗅觉、味觉，用五感接收来自生活的素材馈赠。很多人习惯依赖眼睛看世界，这时候，教你一个技巧，闭上眼睛，打开其他四感。你能听到什么声音？你能感受到什么质地？你闻到了什么气味？你尝到了什么味道？这世界远比你看到的丰富得多，运用五感时，你能和这个世界产生更真切的联结。

积累创意，沉淀素材

创意是文章的灵魂，拥有了独特创意，就拥有了战无不胜的硬本领。创意在于"创"，指具有开创性、创新性、创造性的内容。

如何积累创意呢？我有一个习惯，每天早起第一件事就是记下自己昨晚的梦境。梦境是脱离现实生活的，有时候，梦里会发生意想不到的故事，曲折离奇。

梦境天然是创意，不受世俗约束，不受逻辑控制。我把这些内容都记录下来，写小说的时候，偶尔翻翻自己记录的梦，往往可以想到很好的点子。

在无戒学堂，我们每周都会进行一系列创意训练，通过多种方式刺激学员的创新性。如"脑洞活动"，即给学员一句话，让学员接着这句话即兴续写，越离奇越好，不要思考任何逻辑。这就是在最大限度地刺激大脑的创意区。

有学员说，参加脑洞写作活动，真的会得到与众不同的想法。

又如，"极限想象"活动，即给学员一个图形，圆形、长方形、正方形等，让学员根据这个形状，写下自己联想到的故事。再如，"虚实相生"活动，即给一个真实的故事，让学员基于已有内容，创造、添加新的元素，写出另外一个故事。还有"看图写文"活动，发布一些真实生活中的照片，让学员看照片，产生联想，写出他脑海中的故事。

有了 AI 之后，训练想象力会变得更加容易，比如，我们可以天马行空地想出一个文章的开头，让 AI 进行续写。AI 的续写很多时候并不是特别符合逻辑，但随机性会让它生成很多人类不会想到的东西。

举一个简单的例子。

提问： 以"我变成了一条狗"开头，续写一个悬疑小说。

ChatGPT 我变成了一条狗。这个匪夷所思的事实在我脑海中回荡，我试图摆脱这个无法理解的现实。我不再是人类，而被困在一个四肢着地、被毛发覆盖的身体里。我感到绝望和恐惧，但也有一股奇怪的决心，我决定找到自己变化的原因。

我穿梭在人类世界中。我发现自己具备了独特的嗅觉和听觉，能够感知到人类无法察觉的细微细节。这使我更加坚定地相信，我成为一条狗并非偶然。

我开始展开调查，试图找到与我的身份转变有关的线索。经过一番探索，我发现自己曾是一位知名的科学家，研究着一项神秘的实验。在实验过程中，发生了一场事故，导致我莫名其妙地变成了一条狗。

我追踪线索，发现了隐藏在黑暗中的阴谋。原来，我的身份转变并非偶然，而是一场精心策划的阴谋。有人利用我的研究成果，使用一种神秘的药物将我变成了狗，以阻止我继续揭露他们的秘密。

随着调查的深入，我发现幕后黑手不止一个。他们是一个强大而神秘的组织，掌握着超越人类认知的科技力量。他们在背后操纵着一系列事件，企图掩盖真相。

我面临着巨大的危险，但我决心继续追查。我结识了一位对我的变身深感兴趣的记者，我们携手合作，共同寻找证据。

逐渐地，我们揭开了一个惊天的阴谋。原来，这个组织意在掌握人类身份转换的技术，通过控制个体的身份，获得巨大的权力和利益。他们利用这种技术进行人身交易、追踪和控制，使得每个被选中的人成为他们的傀儡。

在最后的决战中，我以一条狗的形态，与黑暗势力展开激烈的较量。依托我独特的感知能力，我和记者成功揭穿了他们的阴谋，将他们绳之以法。

最终，我重获人类的身份，但这段经历永远地改变了我。我深深明白，人类的身份并非永恒不变，我们必须保护自己的自由和尊严，防止科技被滥用和操纵。

这个悬疑事件是对人性的探索和对科技力量的警示。我以一条狗的身份，完成了一场惊心动魄的调查，同时唤醒了人类对于自身存在和社会伦理的思考。

根据 ChatGPT 的发挥，我们得到了一个小说大纲：主角是一个天赋异禀的科学家，在进行基因实验的过程中发生事故，导致自己变成了一条狗，拥有了极为敏锐的感知力。利用变成狗后不会被怀疑的便利，主角查到了实验事故的真相——一个隐藏在黑暗中的组织掌握着转换人类基因的技术，并利用此技术获得巨大的权力和利益。主角结识了一位记者，在记者的帮助下，利用自己独特的感知力成功揭穿反派的阴谋，并成功变回人类。

这是一个万能大纲，将反派设定为外星来客，将是一篇科幻小说；将笔墨重点放在阴谋设计与揭露的环节，将是一篇悬疑小说；如果主角是年轻的科研天才，而记者是同样优秀的异性，这甚至可以成为很受欢迎的悬疑爱情小说……

这些都是训练创意的好办法，在一次次训练当中，可以逐渐打开脑洞，敢于想象，敢于书写，积累自己的创意素材。

　　前两个方法是在教大家觉察、体验世界，而最后一个方法，是让大家脱离真实世界，天马行空地进行大胆想象。先去观察现实，而后体验现实，最后超越现实，层层递进，环环相扣。这三个方法叠加使用，将会有意想不到的效果。真实和虚构相辅相成，利于积累更生动、更优质的独家素材。

　　这种更高维度、更深层次的素材积累方法，是作家的核心竞争力之一。拥有这个能力，任何 AI 都无法取代你。AI 主要依靠信息整合，作家所体验到的生活，所想象的创意，它都是没有的。人能产生思考、联想、推测，能透过现象看到本质、透过表面看到深层、从个例推及群体，看穿世界万物，从而写出更深刻的内容。

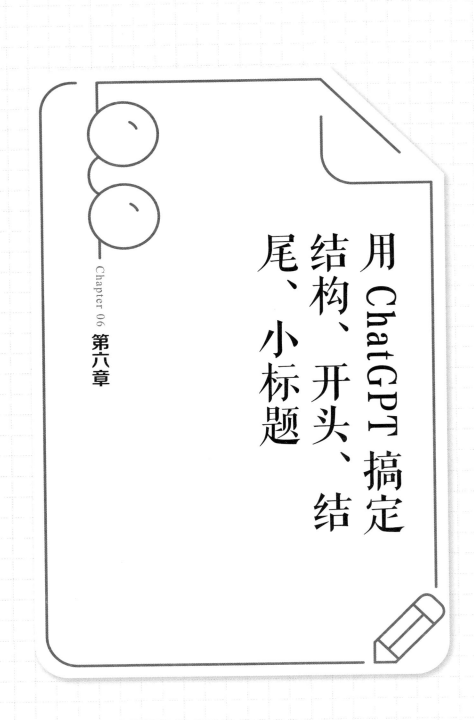

用 ChatGPT 搞定
结构、开头、结
尾、小标题

Chapter 06　第六章

01 ｜ 文章结构的五种类型

很多作者全靠热爱冲进写作赛道，对于写作基础知识完全不了解，甚至分不清故事和小说，不了解文章结构，写作的时候难免觉得艰难。

了解文章结构，有了基本的写作基础，就可以直接解决写文章时不知道如何下笔的问题。

知道了文章结构的重要性后，应该用怎样的结构支撑一篇文章呢？本章列出了五种文章结构，详细阐释什么样的内容适合什么样的结构，如果你能全部掌握，写文章时会顺利很多。

故事型结构

故事型结构的自媒体文章可继续细分为两种类型：一种是一个故事占主体篇幅，引出主题、点明内核；另一种是两三个小故事组成一篇文章。在第一种类型当中，故事占比 80%，剩下的 20% 是从故事中引出的思考与启发；在第二种类型当中，几个小故事分别从不同角度验证同一个主题，可以是并列的，几个故事从不同侧面来佐证主题，可以是对照的，有正有反，更有说服力，也可以是层层递进的，由浅入深，更有逻辑感。

故事型结构寓情理于故事，比开门见山讲道理更容易让人接受，且印象深刻。人天生爱看故事，一个好故事，能让不同读者解读出不同含义，更有发散性。

写作时，可以把文章的主题发给 ChatGPT，让其生成一些经典故事作为参考；也可以给 ChatGPT 发送一个故事，让它提炼主题。这样双向操作，可以让写作思路更清晰，写作更高效。

清单式结构

现在有很多自媒体文章是清单式结构。这样的结构适合什么主题的文章呢？适合轻干货类型的文章。

轻干货文章的特征是有一定量的干货，但是并不深入，比如，《25岁我懂得的25件事》《小红书运营的100条法则》《手机拍照好看的30个技巧》……与之相反的是重干货文章，深入剖析某一类型的知识，知乎上很多专业度比较高的专栏文章，可以归类为重干货文章。

写轻干货文章像是挖多口浅井，写重干货文章则是挖一口深井。

当你的文章类型是轻干货文章时，比较适合清单式结构。清单式结构的一大特点是条数多，且每一条的内容不宜过长，否则读起来会很累。使用清单式结构的目的是给读者一种阅读起来轻松愉悦，还能得到知识的感觉，给足获得感，会让人更有收藏的欲望。

要注意的是，清单式结构的文章，整体内容要层层递进，每一条都尽可能言之有物，精练不拖沓，让人有启发，切忌简单罗列、泛泛而谈。

总分总结构

总分总结构是常见的文章结构之一。当你不知道该用哪种文章结构时，用这一种总是没错的。

开头直接引出主题，让读者知道你这篇文章准备讲什么内容；中间用各种案例进行阐释和佐证，进一步说服读者；最后回归主题，进行扣题。

需要注意的是，使用这类文章结构的人非常多，想要不落俗套，要在文章标题、主题、案例上下功夫。

分论点式结构

分论点式结构的好处是角度多样、变化有序、层次丰富，让读者看起来津津有味，体验感好，不容易感到厌倦。

分论点式结构有点像鱼骨，中间是一条粗的主线，两侧是细的副线，主线和副线之间是有联系的。副线为主线服务，而主线引领副线的排序。

一般一篇 3000 字左右的文章，可以列出 3 个分论点，这些分论点从不同角度服务于主题。如果有多个论点，建议在这一阶段进行删减，把那些不出色的、比较平庸的论点全部删掉，留下精彩的、与众不同的论点。

这种结构适合比较有深度的主题，可以从不同角度入手进行阐释。

解决问题式结构

这种结构的优势是主题非常明确，针对性很强，为了解决某个问题而写，不需要很多技巧，只要能把问题解决就好。

文中问题可以源于自身，也可以源于他人。在列大纲的过程中，写作者肯定会不断深入思考，层层递进，提出解决方案。如果你觉得自己的思考不够深入，或者解决方案太弱，可以让 ChatGPT 给出一些参考答案，弥补不足。

使用这种结构需要注意的是，核心问题是最重要的，如果你的问题有共性，阅读量便高；如果你的问题太小众，关注它的读者少，阅读的人便少。比如，通常来说，核心问题与婚恋、情感有关，阅读量比较高；而如果核心问题是怎么写出合格的博士毕业论文，关注的人会大大减少。

很多人写文章，感觉最难的是定结构。没有完整结构的文字是一盘散沙，读者阅读时，会感觉松散无章，抓不到重点。当你掌握以上五种结构并熟练运用之后，无论写什么都能信手拈来。

打个比方，你有很多想要写的内容，这些内容就像各式各样的宝石，需要用一根链子串联起来。按照怎样的顺序串联呢？这便是你要思考的。按照不同顺序串联宝石，就是构建一篇文章结构的过程。不同的串联顺序，自然有不同的呈现形式。因此，写文章时，除了需要收集观点、整理素材，还需要思考究竟哪种文章结构更利于这篇文章的内容表述。

02 | 开头写作的七大技巧

写作最大的难点是坐下来，开始写，其次是写出一篇文章的开头。很多作者写作效率低的根本原因是在开头花费了太多时间，导致本来就不宽裕的写作时间变得更紧张了。

如何把开头写得又快又好，是很多作者想要解决的问题。

不知道你有没有发现，好的作品开头都非常有吸引力。作品的开头吸引人，读者便有兴趣继续阅读；如果开头平庸晦涩，那么读者容易放弃。读书时，可以多多留意好作品的开头，从中摸索规律。

我经常会去整理名家作品的开头。我们以小说为例，看看怎样写好作品的开头。

直接叙述事件

今天，妈妈死了。也许是昨天，我不知道。我收到养老院的一封电报，说："母死。明日葬。专此通知。"这说明不了什么。可能是昨天死的。

——《局外人》加缪

大学二年级时有一节热力学课，老师在讲台上说道："未来的世界是银子的。"

——《白银时代》王小波

这种开头直接叙述事件，直截了当，开门见山，非常简洁明了，让读者一下子就进入情景。门槛低，比较易读。

这样的开头方式，同样适用于故事、观点文、散文等各类文章。很多写作方法是互通的，学会了一种文体的写作方法，在其他文体中也可以使用。这就是为何无戒能写小说，也能写方法类书籍，因为写作方法也是相通的。

用金句开头

那是最美好的时代，那是最糟糕的时代；那是个睿智的年月，那是个蒙昧的年月；那是信心百倍的时期，那是疑虑重重的时期；那是阳光普照的季节，那是黑暗笼罩的季节；那是充满希望的春天，那是让人绝望的冬天；我们面前无所不有，我们面前一无所有；我们大家都在直升天堂，我们大家都在直下地狱——简而言之，那个时代和当今这个时代是如此相似，因而一些吵嚷不休的权威们也坚持认为，不管它是好是坏，都只能用"最……"来评价它。

——《双城记》狄更斯

幸福的家庭都是相似的，不幸的家庭各有各的不幸。

——《安娜·卡列尼娜》列夫·托尔斯泰

金句式开头可以揭示主题、奠定作品基调、强调核心思想；也可以瞬间击中读者的心，朗朗上口，易于记忆。读者喜欢的话，会引用、转发，从而达到自动传播的效果。

金句式开头，除了用在小说写作中，用在观点文写作中也常有事半功倍的效果，即直接在开头展示观点，说服读者。在一些故事文中，也可以尝试用这个方法。

金句可以是自己原创的句子，也可以引用名人语录，如果想不到名人语录，可以让 ChatGPT 给提示。

输入"关于写作的金句""关于婚姻的金句""关于坚持的名言""关于读书的名言"等内容作为提问，ChatGPT 就会给出答案，这里不再演示。

直接展示结果

他是个独自在湾流中一条平底小船上钓鱼的老人，至今已去了八十四天，一条鱼也没逮住。

——《老人与海》海明威

直接展示最终结果，用悬念吊起读者的好奇心——为什么会发生这种事情呢？当读者想要寻找原因时，阅读兴趣自然提上来了。

在写故事或小说的时候，不知道如何写开头，可以先设定好这个故事或小说的结局，把结局写在开头，再开始回忆，讲述故事。

写观点文，先把观点写在开头，再去论证；写干货文，先把结果写在开头，再去讲方法。举一反三，这些开头，在哪类文体中都可以使用。

总结式开头

话说天下大势，分久必合，合久必分。

——《三国演义》罗贯中

这种开头非常有气魄，能够提炼整部小说的核心思想，让读者有非常直观、总揽全局的印象，同时为全篇做足铺垫，自然地引出故事内容。

🖋 以回忆引入

很多年以后，奥雷连诺上校站在行刑队面前，准会想起父亲带他去参观冰块的那个遥远的下午。当时，马孔多是个二十户人家的村庄，一座座土房都盖在河岸上，河水清澈，沿着遍布石头的河床流去，河里的石头光滑、洁白，活像史前的巨蛋。

——《百年孤独》加西亚·马尔克斯

回忆式开头能够给读者一种时空穿梭之感，奠定全文深沉悠远的调性，让读者仿佛在聆听一位老者讲故事，身临其境，代入感强。

🖋 利用环境描写引出情节

红海早过了，船在印度洋面上开驶着，但是太阳依然不饶人地迟落早起，侵占去大部分的夜。夜仿佛纸浸了油，变成半透明体；它给太阳拥抱住了，分不出身来，也许是给太阳陶醉了，所以夕阳晚霞隐褪后的夜色也带着酡红。到红消醉醒，船舱里的睡人也一身腻汗地醒来，洗了澡赶到甲板上吹海风，又是一天开始。这是七月下旬，合中国旧历的三伏，一年最热的时候。在中国热得更比常年厉害，事后大家都说是兵戈之象，因为这就是民国二十六年〔一九三七年〕。

——《围城》钱钟书

环境描写式开头非常常见，起到烘托气氛的作用。全景开局，给人以宏大叙述之感。

✎ 悬念式开头

一定是有人诬陷了约瑟夫·K，因为一天早上，他没有犯什么错，就被捕了。

——《审判》卡夫卡

用悬念开头，可以充分调动读者的好奇心，激发读者继续阅读的欲望。对于新人作者来说，如果运用恰当，可以吸引不少读者。

同上，这种开头的方式也不仅仅可以用在小说写作中，在其他类型文章的写作中也适用。

设置悬念、直接叙述、金句开头，都是万能开头方法，可以有效解决无法下笔的问题。

方法有了，如何使用呢？在我教写作的这些年，发现有人懂得很多写作理论，但一到实际操作就蒙了。

任何写作方法都离不开刻意练习，只有实践了、掌握了，才算是有效方法。

新人作者可以尝试先写一个开头，再运用这七种技巧，把开头改写为七种不同的风格。这种刻意练习，会让你对文章开头的写作技巧有更深入的认识。写完之后，可以全面分析一遍，看看哪一种开头更适合你的内容，也可以让 ChatGPT 帮助你进行优化。

提问： "那年夏日，我在丽江遇见了他，此后很多年，他一直留在我的心里。"分别将这句话写成金句式开头、悬念式开头、回忆式开头。

---

⑤ **ChatGPT**

金句式开头：

"那年夏日，我在丽江遇见了他，从那刻起，他就像一朵绽放的花朵，永远盛开在我心中。"

悬念式开头：

"在丽江的那个夏日，我遇见了他，那个深情而神秘的男人，他如同一道不解之谜，让我迷失在时间的流转中，直到今日，我依然在回忆中寻找着他的足迹。"

回忆式开头：

"回想起那个仲夏的丽江，我仿佛能闻到那些花的香气，听到风的低语。在那片古老而神奇的土地上，我遇见了他，他的眼神如同星光闪烁，瞬间点亮了我心中的记忆，让我怀念起那段难以忘怀的夏日恋曲。"

以上是 ChatGPT 帮我写的开头，我感觉它写的不如我写的好，但能为我提供新的思路，我可以根据它提供的思路进行修改，直到写出满意的开头。

一个好的开头，是作品成功的一半。

03 | 结尾写作的八种方法

很多写作者写文章特别容易虎头蛇尾，比如故事突然中断，让读者感觉猝不及防；又如结尾过于平淡，没有给读者留出回味的空间；再如结尾没有做到升华，达不到读者的预期，让前面所做的努力付之东流。

不管是对资深作家还是新人作者来说，写好文章的结尾都至关重要。作品结尾出其不意，会让读者念念不忘，"烂尾"则会遭到读者的批评，纵然前面写得再好，读者对文章的整体评价也不会高。

所以，写好作品的结尾，是我们必须提高的能力。

以小说为例，此处列出了八种结尾写作方法，希望可以帮到你。

开放式结尾

这个人也许永远不回来了，也许明天回来。

——《边城》沈从文

开放式结尾最大的好处是留下一个悬念，让读者读后念念不忘，一直在思考这个结局的不同可能性。结尾不固定时，不同的读者会有不同的理解，会产生争议和不同看法，让这部作品更神秘，从而引发讨论热情。我的小说《云端》是开放式结尾，很多读者向我表达过自己的看法，我觉得能够引发读者思考，就是一个好结尾。

这种开放式结尾常用于写作小说和故事。

完美式结尾

他对她说，和过去一样，他依然爱她，至死不渝。

——《情人》玛格丽特·杜拉斯

完美式结尾就是给作品画上了一个句号，代表真正意义上的结束。读者看到这里，会觉得作品很圆满，有舒心之感。

前后呼应式结尾

我追，一个成年人在一群尖叫的孩子中奔跑。但我不在乎。我追，风拂过我的脸庞，我唇上挂着一个像潘杰希尔峡谷那样大大的微笑。我追。

——《追风筝的人》卡勒德·胡赛尼

如果有个小孩出现在你面前，如果他笑着、有一头金色的头发、拒绝回答任何问题，你就会知道他是谁了。如果发生了这一切，请及时告诉我，好让我得到安慰。请给我捎个话，就说他已经回来了。

——《小王子》安托万·德·圣-埃克苏佩里

前后呼应式结尾，让作品呈现闭环式结构，有一种对称的美感。

这种结尾不仅可以用在小说中，观点文、故事、散文、说明文也经常会用到。

环境描写式结尾

老人和牛渐渐远去，我听到老人粗哑的令人感动的嗓音在远处传来，他的歌声在空旷的傍晚像风一样飘扬，老人唱道：少年去游荡，中年想掘藏，老年做和尚。炊烟在农舍的屋顶袅袅升起，在霞光四射的空中分散后消隐了。女人吆喝孩子的声音此起彼伏，一个男人挑着粪桶从我跟前走过，扁担吱呀吱呀一路响了过去。慢慢地，田野趋向了宁静，四周出现了模糊，霞光逐渐退去。我知道黄昏正在转瞬即逝，黑夜从天而降了。我看到广阔的土地袒露着结实的胸膛，那是召唤的姿态，就像女人召唤着她们的儿女，土地召唤着黑夜来临。

——《活着》余华

我在那温和的天空下面，在这三块墓碑前流连！望着飞蛾在石南丛和兰铃花中扑飞，听着柔风在草间吹动，我纳闷有谁会想象得出在那平静的土地下面的长眠者，竟会有并不平静的睡眠。

——《呼啸山庄》艾米莉·勃朗特

大地的草木萌芽，大海和天空开始放亮，两人久久地眺望着远方，喜悦和悲伤使她们宛如春天的蓓蕾一样含苞待放。倘若那一天来临了，那么，她们俩的心语就会像花朵一样竞相绽放吧，而芬芳的气息将把整个学校团团包围吧。

——《少女的港湾》川端康成

环境描写式结尾能够渲染气氛，给人的感觉就像看到黄昏时村庄升起的细细炊烟，含蓄悠长，袅袅不散。哪怕过了很久，读者完全忘记了书的具体内容，也还会记得这种阅读感受。

这种形式的结尾，用在散文和小说中，是最妙的。

留白式结尾

等明天回到塔拉庄园再考虑这一切吧。到那时候我就能够忍受了。我明天会想出办法来重新得到他的。不管怎么说，明天是新的一天了。

——《飘》玛格丽特·米切尔

不直接写出结局，让读者猜测接下来的情节，给读者遐想的空间，这是类似于中国水墨画的艺术。

隐喻式结尾

鸟儿胸前带着棘刺，它遵循着一个不可改变的法则。她被不知其名的东西刺穿身体，被驱赶着，歌唱着死去。在那荆棘刺进的一瞬，她没有意识到死之将临。她只是唱着、唱着，直到生命耗尽，再也唱不出一个音符。但是，当我们把棘刺扎进胸膛时，我们是知道的。我们是明明白白的。然而，我们却依然要这样做。我们依然把棘刺扎进胸膛。

——《荆棘鸟》考琳·麦卡洛

窗外的动物们先看看猪，再看看人，又反过来先看人，后看猪。但它们再也分辨不出人和猪有什么分别了。

——《动物农场》乔治·奥威尔

隐喻式结尾非常有内涵，提升了整部作品的深度，揭示了主题，读者的大脑也会被调动起来。

金句式结尾

人这一生，既不像想得那么坏，也不像想得那么好。

——《一生》莫泊桑

人类的全部智慧，就包含在这四个字里面，"等待"和"希望"。

——《基督山伯爵》大仲马

金句自带传播属性，寓意丰富，简单易记，这样的结尾通常会让人长时间记忆犹新。

简洁式结尾

再见。

——《堂吉诃德》塞万提斯

简洁是最强大的力量之一，无须多言，就让整部作品的深度更上一个层级。

以上八种经典结尾，可以让我们的作品更有深度。一部作品开头很重要，结尾也很重要，甚至我认为结尾比开头更重要，因为大多数作品是在结尾处点题，如果结尾处立意没有升上去，可能一部作品就被毁掉了。

当你不知道如何写结尾的时候，可以参考以上案例。以上案例不仅可以用在小说中，在其他文体中也同样适用。

在写作的过程中，一定要记得，不要着急结尾，这是写作大忌，也是很多写作者的常见问题。

写作时，写到最后，一定要好好思考、润色，尤其是作品的结尾，一要点题，二要传递思想，三要让读者知道故事结局，四要精妙，五要出其不意。

好的作品是琢磨出来的，除了以上举例的结尾方式，你还可以进行创新——越出其不意，越有新意，对读者来说越惊喜。

不论写哪类文体，都要在作品的结尾处下功夫。

04 | 利用小标题提升阅读体验的三种方法

如果文章内容过多，字数过多，很容易出现一个问题：篇幅太长，文段混乱，不易读。怎样优化这样的文章呢？比较常用的方法是巧用小标题。

使用小标题的优点是显而易见的：让结构更清晰、板块更分明，让读者读起来轻松、愉悦，大大提升阅读体验。

一篇文章的小标题通常为 3～5 个，文章太短，没有写小标题的必要；小标题太多，会有零散破碎的感觉。

小标题设计之逻辑递进

第一种起小标题的方式：逻辑递进，层层深入。

以一篇爆款文章为例，文章标题是《27 岁离过婚和 35 岁未婚的女人，你娶谁？这个男人的回答惹怒无数人》。

文章以热点社会话题为切入点，引人入胜的同时，抛出了主题，提出三个非常值得女性思考的问题：该不该结婚？什么时候结婚？婚姻能带给我些什么？

接下来，使用四个小标题，搭建文章的主体框架：①审视和歧视，打破了女性对于婚姻的期待；②女性困境正在蔓延到整个家庭；③女性觉醒从婚姻清醒开始；④好的婚姻都是利益共同体。

第一个小标题，说明了女性不想结婚的原因。其下内容是作者身边朋友的例子，解释在婚恋市场上，女性从工作到年龄，从外貌到身材，总是处于被审视和被歧视的状态，被各种评判与挑剔，遭遇太多束缚，承受很多不公。

如果说第一个小标题讲的是女性婚前被挑剔的困境，那么第二个小标题及其下内容讲述的则是婚后女性面对的工作与家庭之间的冲突——如果她们在最佳生育年龄选择生孩子，那么就会错过事业黄金期，失去经济基础和成长空间；如果她们选择事业，不生孩子，则可能会影响到家庭。

第三个小标题及其下内容侧重讲述女性婚后容易以家庭为中心，相夫教子，没有工作，与社会脱节，失去工作能力、成长能力，以及与伴侣匹配的经济力量，这样容易导致婚姻问题。所以，女性必须对婚姻有非常清醒的认知，哪怕结婚生子，也不要放弃自我成长，应该永远保有积极向上的进取心和学习力，才能更好地在婚姻中生存。

第四个小标题及其下内容是结论，写了婚姻的本质——利益共同体，并指出人在寻找伴侣时会重点看三种价值：繁衍价值、生存价值、情绪价值，这三种价值很可能并不能同时拥有。

认真思考一下，这四个小标题的逻辑是什么呢？

"审视和歧视，打破了女性对于婚姻的期待"这部分是"为什么"：为什么女性不想结婚？

"女性困境正在蔓延到整个家庭"这部分是"是什么"：女性的困

境究竟是什么？

"女性觉醒从婚姻清醒开始"这部分是"怎么办"：面对婚姻困境，女性究竟应该怎么办？

"好的婚姻都是利益共同体"这部分是结论。

认真分析完这些，可以发现，这篇文章的小标题是按照"为什么—是什么—怎么办"的逻辑进行架构的。

如果你的文章主题是对某一个社会现象进行深入剖析，这个起小标题的思路非常适合你。如果你不知道该如何分析，或者自己的思路不清晰，可以咨询 ChatGPT，问它对某个现象的看法，让它分析为什么、是什么、怎么办、怎么样，从中选取自己可以借鉴的内容，进行优化创作。

> **提问**：为什么现在年轻人越来越不愿意结婚了？通过深度分析，给出三个小标题，小标题要分别解释分析为什么、是什么、怎么办。

---

⑤ ChatGPT

为什么现在年轻人越来越不愿意结婚了？以下是三个小标题及其下主要内容，分别解释了为什么、是什么、怎么办。

1. 为什么年轻人不愿意结婚？

社会变革与个人价值观变化：社会的变革和个人价值观的转变使得年轻人对婚姻的态度发生了变化。

经济压力与事业追求：经济压力和个人事业追求成为年轻人推迟结婚或不愿意结婚的主要原因之一。

婚姻观念的转变：婚姻观念的转变包括对婚姻角色的重新定义、对婚姻期望的调整，以及对传统家庭模式的质疑。

2. 结婚对年轻人来说意味着什么？

失去个人自由：对年轻人而言，结婚可能意味着失去一部分个人自由，需要承担更多的责任和义务。

经济压力与负担：结婚通常伴随着经济负担，包括婚礼费用、共同财务，以及家庭建设成本。

婚姻关系与个人发展的平衡：结婚对于年轻人来说，有时意味着要在婚姻关系和个人发展之间寻求平衡，这可能带来挑战和抉择。

3. 年轻人如何看待婚姻？

替代选择与非传统关系：年轻人越来越多地探索替代选择和非传统关系，如养宠物、单身生活，来满足个人需求。

自我实现与个人成长：年轻人更加强调自我实现和个人成长，将重心放在事业、学习、探索个人兴趣上，而不是仅仅依赖婚姻来实现这些目标。

婚姻的重新定义：年轻人对婚姻的看法正在被重新定义，比如，强调平等、尊重、伴侣关系的质量和相互支持，更加关注情感、亲密和心灵的契合。

这些小标题通过分析为什么年轻人不愿意结婚、结婚对年轻人而言意味着什么，以及年轻人如何看待婚姻，探讨了现代年轻人对婚姻的态度和选择的原因，揭示了社会变革、经济压力、个人价值观、个人发展和婚姻观念转变等对年轻人婚姻观的影响。

小标题设计之伞状思维

什么是伞状思维？这种思维的呈现如同一把伞的骨架，只有一个主心骨，其他内容呈放射状发散开来。这就像是在写文章时，围绕一个点进行发散性创作。小标题总体呈并列关系。

以一篇爆款文章为例，文章标题是《和情绪价值高的人在一起，是一种养生》，文章共计有四个小标题，分别为"和情绪价值高的人在一起，少烦""和情绪价值高的人在一起，少怨""和情绪价值高的人在一起，减少内耗""和情绪价值高的人在一起，养好脾气"。这种小标题一目了然，核心是"和情绪价值高的人在一起有什么好处"，围绕这个好处，进行了多角度的深入剖析。注意，这四个角度之间并没有严密的逻辑关系，它们之间的顺序是可以任意调换的。

再看一篇类似的文章《谁是你生命中的贵人》，其小标题及相关分析如下。

"贵人相助"：第一种贵人，即倾力相助的人。

"高人点拨"：第二种贵人，即比你认知高很多，会点拨你的人。

"亲人祝福"：第三种贵人，即总是默默支持你、鼓励你的亲人。

"小人监督"：第四种贵人，即小人。这一点可能让人感觉诧异，其底层逻辑是小人的批评会让人警醒、反省、改过，进而踏实向前。

"自己不弃"：第五种贵人，即自己。无论身处何种境地，都不要放弃自己，自我实力提高后，才会拥有更多的贵人。

这五个小标题的核心是"贵人的类型"，从不同角度写了不同的贵人。这五个小标题之间的关系，从宏观角度来看，是围绕核心进行发散的；从微观角度来看，是有轻微递进关系的。

看到这里，发现在什么情况下适合用这种类型的小标题了吗？找到核心支撑点后，可以据此为中心点进行发散。如果你的思考不够多，可以使用 ChatGPT。

提问：什么样的工作最具前景？从五个角度进行详细解答。

---

⑤ **ChatGPT** 以下从五个角度详细解答哪些工作最具前景。

1. 技术行业与人工智能相关工作：随着人工智能技术的迅猛发展，相关的工作具有巨大的前景。人工智能工程师、数据科学家、机器学习专家、自然语言处理工程师等职业将持续有高度需求。这些专业人士能够设计、开发和应用人工智能算法和系统，以解决现实世界中的各种问题。

2. 数字化与信息技术相关工作：数字化正在改变各行各业，因此，与数字化和信息技术相关的职业具有巨大的发展前景。软件开发人员、网络安全专家、数据分析师、云计算工程师、人机交互设计师等职业将持续有广泛需求。这些专业人士能够利用技术工具来改善业务流程、保护数据安全，并提供创新的解决方案。

3. 绿色和可持续发展相关工作：随着大家对环境保护和可持续发展的关注不断增加，与绿色和可持续发展相关的职业将迎来更多机会。可再生能源工程师、环境科学家、可持续发展顾问、绿色建筑设计师等职业将成为未来的热门职业。这些专业人士能够开发和实施可持续发展方案，减少对环境的影响，并推动绿色经济的发展。

4. 创意产业与娱乐领域相关工作：创意产业和娱乐领域将继续蓬勃发展，并提供许多有前景的工作机会。艺术家、设计师、电影制片人、游戏开发者、数字营销专家等职业将持续有需求。这些专业人士能够创造吸引人的内容，设计各种媒体和娱乐产品，并利用数字平台和社交媒体来进行推广和营销。

5. 健康护理与老龄化社会相关工作：随着人口老龄化趋势的加剧，与健康护理和老龄化社会相关的职业将具有广阔的前景。医生、护士、护理师、健康技术专家等职业将持续有需求。这些专业人士能够提供医疗和健康护理服务，开发创新的医疗技术和解决方案，以满足老龄化社会的需求。

得到小标题后，结合自己的观点进行创作即可。

提问越具体，越准确，ChatGPT 给出的答案越实用。它依托强大的数据库，对很多问题给出的建议极具参考性。我们要学会把 ChatGPT 培养成我们的小助手，为我们服务。

小标题设计之明暗交错

什么是明暗交错？即小标题有双重含义，表面是一层意思，内里是另外一层更深的意思。明暗线交叠在一起，会让内容更丰满、厚重，同时比单层意思的标题更有内涵，给读者更多启发和思考。

如果你想写一篇比较长的故事，可以使用"明暗交错"的设计小标题的方法，让故事的可读性更强。

以一篇阅读量 10 万 + 的爆款文章为例，文章标题是《被丈夫推下悬崖之后》，讲述的是一则真实新闻事件的主人公的故事：怀孕三个半月的王暖暖在泰国被丈夫推下悬崖，而后奇迹生还、坚强生存。

这篇文章有三个小标题，分别是站稳、重新攀爬、信任。

作者用这三个小标题串联了主人公的过去、现在与未来，同时，让明线和暗线交叠在一起。

第一个小标题：站稳。

以王暖暖练习站稳为契机，回忆她恋爱、结婚的具体经过。过去的甜蜜与现在的痛苦形成巨大反差，更能突出人性之恶。"站稳"这个小标题，明线是她需要恢复身体机能，暗线是她在经历巨大的创伤之后，要对抗轻生的念头，不能死，要好好活着，重新点燃生存的勇气。

第二个小标题：重新攀爬。

这一段，明线是王暖暖努力复健，暗线是她在泰国白手起家，实现经济独立。经过这起事件之后，她失去了积蓄与事业，生活陷入低谷。为了生活，她尝试重建自己的事业。

第三个小标题：信任。

王暖暖出于对爱人的信任选择结婚、建立家庭，并且在这个过程中付出了很多。丈夫把她推下悬崖的举动，彻底摧毁了她对婚姻的信任，同时摧毁的还有她对这个世界的信任，她开始警惕陌生人，选择保护自己。在身体康复的过程中，她要尝试重新和自己、和他人、和这个世界建立信任关系。

这三个小标题是从故事情节中提炼的最关键的节点，表层含义和深层含义交叠在一起，让故事更有生命力。

逻辑递进、伞状思维、明暗交错，以上三个起小标题的方法，非常值得学习。

用 ChatGPT
写出优质文章

Chapter 07
第七章

01 两大方法，让文章逻辑更严谨

很多人开始写作是为了抒发情感、记录生活日常等，写作目的是自己留念而不是公开发表，此时，随性写作是没有问题的。

公开写作则不同，很多新人作者开始公开写作时，会遇到很多共通的问题，比如，经常有学员问我，读者给他留言说他的文章没有逻辑，这一点应该怎么改进？

人的思维是发散的、跳跃的，如果跟着灵感，过于随性地写，读者很难跟上节奏，容易造成一定程度上的阅读困难。

那么，如何让自己的文章更有逻辑感？这里介绍四种方法，大家可以试试。

多思考

很多人写文章，会等有了灵感，坐下来一口气写完，写得酣畅淋漓，非常舒坦，把自己想要表达的全部表达出来。这种写作的确很真诚、幸福，"兴之所至，文之所成"。但是这样写作有一个缺点，就是灵气有余，而理智不足，表达时难免有失偏颇。

因此，在写作时，要学会思考，不仅动心，也要动脑。

具体而言，思考什么呢？

第一，思考文章的谋篇布局：文章主题是什么？应该用什么结构？应该用哪些内容与素材？要采用哪种写作风格？

第二，思考文章的提纲：如果预计文章很长，内容非常多，那么在正式写作之前，可以列出简要的提纲。一边写，一边对照自己的提纲，谨防偏离主题。

第三，思考完稿后如何修改：写完就发布，并不是一个很好的习惯。没有哪个作者敢说自己的初稿是完美的。建议写完后自己从头到尾检查一遍，对一些不合适的内容进行修改，或者把文章发给 ChatGPT，让它检查逻辑不通的地方（具体方法在前面章节有演示），并根据点评结果进行检查和修改，尽可能让文章更完善。

🏮 建立结构性思维

文章为什么会写得很散，没有章法？那是因为没有提前搭建框架。

框架是结构性思维的呈现，心中没有结构的时候，文字会肆意流淌，没有脉络。这样写出来的文章，如果写作者水平高，有可能灵动鲜活；如果写作者水平低，就会散乱无边。

什么时候需要建立结构性思维？

写作初期可以不需要，练习叙述能力、培养写作习惯更重要。写作技巧不成熟的时候，如果直接搭建框架，写出来的文字可能不够灵活，思维容易被局限。

写作中期，养成了一定的写作习惯，提升了写作能力后，可以用结构性思维让自己的文章更规整，逐渐走向成熟。

写作后期，可以不局限于结构，探索适合自己的风格。很多知名作家都有独属于自己的风格，每个句子都是个人特性与品性的表达，这种表达是 AI 无法代替的。有网友试过让 ChatGPT 模仿鲁迅的风格写文章，结果生成的内容只学到了其语气，其思想还是大众化的。

从无框架到有框架，再到去框架的过程，是一个新手作者逐渐走向成熟作者的必经之路。一开始忽视规则，中间遵从规则，而后超越规则，让真实的自我得以显现。

作为作者，得先掌握技法，才能超越技法。最后的无框架境界，并不是初期的混沌状态，而是跳出局限，达到心中有章法、笔下有风格的境界。

那么，最重要的便是如何在中期建立结构性思维。我们可以储备一些思维模型，用它们来构建你的文章。

写文章开始的标志并不是动笔，而是动心。在动笔之前，就得想清楚最终想呈现怎样的效果。不同的文章风格，对应不同的思维模型。

第一个思维模型：5W+1H 思维模型。

如果你要写一篇记叙文，文章要素太多，那么如何有条不紊地将这些要素有序组合是最重要的。

我看过非常多的文章，不是前后逻辑混乱，就是内容要素缺失，面对这种情况，可以使用经典的"5W+1H"逻辑结构进行梳理，即谁（Who）、何时（When）、何地（Where）、何事（What）、为什么（Why）、怎么样（How）。

在文章中的表述方式是人物、时间、地点、事件、起因、经过、结果。按照这些要素进行写作，就能写出一篇合格的记叙文。

第二个、第三个思维模型：What—Why—How 与 Why—How—What 思维模型。

这两个思维模型看起来有些像，但其实截然不同。

What—Why—How 是我们经常用到的一种思维模型：是什么—为什么—怎么样。

Why—How—What 则是黄金圈思维模型，即为什么—怎么样—是什么。

Why：为什么，是对事情原因的阐释。

How：怎么样，是针对原因所采取的行动和方法。

What：是什么，揭示最表层的现象。

What—Why—How 与 Why—How—What 有什么区别呢？

What—Why—How 普适性很高，可以用于很多文章类型的写作，从现象到原因，从原因到方法，像剥洋葱般层层剥落，循序渐进地讲透一件事，非常适合新手作者。

Why—How—What 的结构更高阶，适合用于文案写作。首先讲为什么要做这件事，把疑问展示在读者面前，让人想要一探究竟；然后讲具体的方式与方法；最后讲这个事情是什么。这样一层层深入，让人有一种探寻秘境的感觉，自然会被吸引。

用这两种结构写文章，要进行刻意练习。熟练掌握之后，可以随意进行组合切换，创造不一样的阅读体验。

第四个思维模型：SCQA 思维模型。

什么是 SCQA 思维模型？应该如何在写作当中运用？

S（Situation，情境）：可以是热点事件、生活故事，也可以是现实难题等。用情境来写开头，让读者代入感很强。

C（Complication，冲突）：冲突是什么？是障碍，是困难，是无法逾越的鸿沟，是双方对抗的力量。冲突在文章中是最占据笔墨的，也是最抓人眼球的，毕竟有对抗的地方，才有戏剧性。

Q（Question，疑问）：产生冲突背后的原因是什么？本质是什么？追根溯源，盘根问底，给读者呈现的是思考的深度。

A（Answer，回答）：有了前面一系列铺垫，这部分写水到渠成的答案，告诉读者如何解决这些冲突、难题。

写文章时需要注意的是，在宏观层面上注重逻辑性，在微观层面上保持感性。感性是难以捉摸的，具有变化性与复杂性，但是底层的理性是相通的。只有在文章框架中呈现多数人认同的逻辑，才能在短时间内得到别人的理解与共鸣。

写文章不是作者一个人的事情，因为文章是需要被阅读、被看见的，文章是载体，是打通作者与读者心灵的桥梁，所以要考虑读者的接受度。

我见过很多作者写作时将整个顺序颠倒，大框架非常感性，让读者摸不着头脑，小细节却充满理性，缺乏生机，这种写作方式是不可取的。

好的文章不是越复杂越好，而是在简单易懂的基础上，将有深度的知识转化为大众能接受的文字。低阅读门槛，高知识含量，才能让读者读得轻松又有收获。

02 | 四种技巧，让文章论证更有说服力

你有没有发现，自己阅读文章时，偶尔会不自觉地对某些文章进行吐槽与批判，而对另一些文章拍手称赞，觉得作者说得太对了，完全写出了自己的心声。

这两类文章的差别究竟在哪里呢？差在了说服力上。

写作本质上是一个说服读者的过程，作者用文字的形式呈现自己的观点和看法，想要得到读者的肯定与认同。但是由于技巧不同，说服力的强弱有所不同。

那么，有没有什么技巧可以增强文章的说服力呢？

事例论证

如果全篇都是"假大空"的理论，那么读者会觉得作者说的毫无根据，甚至产生怀疑与厌倦，因为他没有看到事实，文中的道理是悬空的。

想要说服读者，最好运用"事例论证"的技巧，可以从古往今来的故事中选取适合文章的例子，穿插进去；也可以写发生在自己身上、周围人身上的事情，这样更真实、可靠，可信度高。读者看到例子，才真正意识到：原来是这样。

比如，文章主旨是婚姻中的女性一定要经济独立，仅说大道理，读者很可能无法意识到它的重要性；如果举一个女性朋友的例子，因为没有经济能力，过于依赖另一半，最后导致离婚，生活很无助，读者阅读时很可能将自己代入其中，感受到没有经济能力的恐惧，从而认同你所讲述的观点。

如果想要举例，但想不出来合适的案例，可以使用前文介绍的方法，让 ChatGPT 推荐一些案例。ChatGPT 是一个天然素材库，这是最能发挥其能力的领域。

权威论证

为什么有人会经常引用名人名言来证实自己观点的正确性呢？因为名人的经历和认知附带权威性，很多时候，普通人和名人说了类似的一句话，人们会觉得名人说话的分量更重，说得更对。

甚至有时候说了什么话并不太重要，重要的是这话究竟是谁说的。

这也是很多品牌会花大价钱找明星代言的原因，因为大家对明星的认可度高，相信他们。如果你认可一个明星，大概率会认可他的话，相应地，也会认可他推荐的产品。

因此，如果你感觉自己文章的论据有些薄弱，不足以说服你的读者，可以找权威"代言"，增加说服力。

除了名人名言，还可以使用专家报道、科学研究、实验数据等。在需要让读者相信一个新观点的时候，我们可以适度运用权威论证，但切忌运用过量，适得其反。

如果你想要了解某方面的科学研究，可以咨询 ChatGPT，但拿到文本之后，需要查询其准确性，因为 ChatGPT 给出的回答并不一定都是准确无误的，它也有可能杜撰一些数据。

举个例子。

提问：我要写一篇关于叶黄素的科普文章，请提供相关的中国的研究资料，要求资料准确、权威。

ChatGPT　叶黄素是一种重要的天然营养素，对人体健康具有多种益处。以下是一些关于叶黄素的中国权威研究资料，供您参考。

1. 研究论文：《叶黄素对眼睛健康的影响及作用机制》。该论文由中国科学院上海生命科学研究院的研究人员于 2018 年发表在《营养学报》上，研究探讨了叶黄素对眼睛健康的影响，并对其作用机制进行了阐述。

2. 研究报告：《中国居民膳食叶黄素摄入状况和风险评估》。该报告由中国疾病预防控制中心营养与健康所于 2019 年发布。报告对中国居民膳食叶黄素摄入状况进行了评估，并对叶黄素不足对健康可能产生的风险进行了分析。

3. 临床研究：《叶黄素对眼底病变的治疗作用研究》。该临床研究由中国医学科学院眼科医院于 2020 年进行，针对叶黄素在治疗眼底病变方面的作用进行了探究，并给出了相应的治疗建议。

虽然 ChatGPT 给出了相应的研究论文及研究报告等内容，但是这些内容并不能在中国知网等权威网站中找到，所以此处它给出的素材大概率是虚构的，不可轻信。

这时候，可以使用 Bing 来检索相关素材。

将同样的问题输入 Bing 的 AI 聊天工具，可以得到如下回复。

单击 Bing 给出的论文标题，可以直接跳转到相应的文章阅读界面。

叶黄素的生物学作用及制剂研究进展

石晓晴[1,2]*，黄月芙[1,2]，沈一唯[1,2]，鄢　寒[1,2]，卡　俊[1]（1.解放军第411医院药学科,上海　200434;2.江西中医药大学药学院,南昌　330004）

中国分类号　R944　　文献标志码　A　　文章编号　1001-0408(2017)04-0561-05

DOI　10.6039/j.issn.1001-0408.2017.04.36

摘　要　目的:为叶黄素的制剂研究提供参考。方法:以"叶黄素""药理作用""剂型""应用""Lutein""Antioxidant"等为关键词,组合查询2006年1月～2016年7月在PubMed、Elsevier、中国知网、万方、维普等数据库中的相关英文文献,关于叶黄素的理化性质、体内过程、抗氧化活性、生物学作用、剂型研究及应用现状等方面进行综述。结果与结论:共检索到相关文献696篇,其中有效文献47篇。叶黄素含有特殊的紫萝酮双二酮基结构,可行为强抗氧化剂并对单线态和蓝光过滤器,具有抗氧化、抗癌、保护视网膜、预防心血管疾病等生物学作用。但叶黄素的理化性质不稳定,在制剂过程中存在水溶性差,性质不稳定和生物利用度低等问题;叶黄素在体内只通过脂类的吸收是其真的的主要运输介质。通过增加叶黄素的剂型改造(如微化及化学改性)或膜包衣和微球等,能较好地解决这些问题。但如何进一步提高叶黄素的生物利用度,减小叶胃肠道作用的影响,改善持续制剂投过大字问题还有待进一步研究。

关键词　叶黄素;理化性质;体内过程;生物学作用;剂型;应用

对比 ChatGPT 生成的回答，以上内容可信性更高。

对比论证

你可以做一个实验，验证对比的重要性。

先把手放进冰水中，再把手放进常温水中，你会感觉常温水很热；先把手放进很热的水中，再把手放进常温水中，你则会感觉常温水是凉的。在这个实验中，常温水的温度是恒定的，为什么前后两次的感觉差异这么大呢？是因为对比。对比的神奇之处就在于此，明明什么都没有变，但是性质完全相反的两个事物相邻时，各自的特性会增强。

所以，当你想要证明一件事情对的时候，可以举一个相反的例子，通过对比，让对错更为鲜明。

比喻论证

如果让你描述一个读者从未见过的东西，怎么写能立刻让读者想象出它大概的样子呢？

这个世界上最难的事情，便是向他人描述他从未见过的东西。叙述难以达到目的时，可以尝试用一下比喻。

1. 描写事物

她高兴得走路像脚心装置了弹簧。——钱钟书

这句话惟妙惟肖地描写了主人公走路的样子，虽然全句没有一个"蹦"字，但是身为读者，能够感受到主人公蹦蹦跳跳的姿态。

月光如银子，无处不可照及，山上篁竹在月光下皆成为黑色。身边草丛中虫声繁密如落雨。——沈从文

如果你要描写虫鸣声，会怎么写呢？沈从文的写法是不写具体的声音，直接比喻成落雨，让人身临其境。

她那双眼睛就像钻子一样，一直旋进你的心。——福楼拜

这句话非常精准地形容了目光的锐利感。

比喻的好处是精简笔墨,把陌生的东西转化为读者耳熟能详的事物,让人快速理解。

2. 化抽象为具象

写抽象的事物往往比较困难,因为具象的东西,可以进行各种外形描写,读者心里会有概念;如果是抽象的事物,很难通过描写来展示,这时就需要用到比喻。

我仿佛是你口袋里的怀表,绷紧着发条,而你却感觉不到。这根发条在暗中耐心地为你数着一分一秒,为你计算时间,带着沉默的心跳陪着你东奔西走,而在它那嘀嗒不停的几百万秒当中,你可能只会匆匆地瞥它一眼。——茨威格

古往今来,暗恋在文人的笔下各有各的写法。而这段话,把暗恋这种抽象的、难以解释的感觉,比作口袋里紧绷着发条的、嘀嗒响不停的怀表,有了非常具象的画面感。

鸿渐身心仿佛通电似的发麻,只知道唐小姐在说自己,没心思来领会她话里的意义,好比头脑里蒙上一层油纸,她的话雨点似的渗不进,可是油纸震颤着雨打的重量。——钱钟书

"好比头脑里蒙上一层油纸,她的话雨点似的渗不进,可是油纸震颤着雨打的重量。"这句话非常形象地写出了方鸿渐的心不在焉与思绪的混乱。

运用比喻,可以毫不费力地写出通透的文字。如果你觉得自己的文章很平淡,或许可以试试比喻句,会有画龙点睛之效。如果你不太会写比喻句,可以通过拆解、分析名家比喻句,模仿着写。

比如,面对如下例句。

遗憾像什么?像身上一颗小小的痣,只有自己才知道位置及浮现的过程。——简媜

仿写一个关于遗憾的比喻句:遗憾就像是落下又升起的月亮,又像小火咕嘟的浓郁老汤。

写作是一个长期的过程,如果想要提高,得把写作融入生活当中,

看到任何一个好句子，都不要轻易放过，而是去思考：它好在哪里，我可以怎样学习？

无戒学堂的很多学员会在阅读时摘抄好句子，有个学员摘抄了满满几大本子，但我问他有没有练习时，他说没有，只是抄下来而已。这是没什么用的。

针对这种问题，我策划了仿写的刻意练习活动，把一些好句子发在群里，让大家模仿写作。好多人写完之后，惊呼原来自己可以写出这么好的句子。这就是刻意练习的魔力。下次看到好句子，千万别只摘抄，模仿练习，才能有效提升自己的写作能力。

当你学会了以上四种技巧，写文章会更加扎实、有说服力。每一种论证方式，都可以进行刻意练习，比如一个月练习使用一种论证方式，每天评估自己是否有提高。

03 ｜ 五个修改方法，让文章更精练

经常有学员给我发文章，让我点评。如果我打开文档，发现文章要么错字连篇，要么逻辑不通，要么冗长啰唆，我一眼就能看出问题出在哪儿：写完就搁置，根本没有修改。

修改对于一篇文章来说是必不可少的步骤，甚至可以说，与写文章的重要性是同等的。

我自己写小说，经常要修改很多遍，有时候还会推翻重写。能够忍受修改的枯燥与烦琐，也是一个作者的基本能力。很多大作家会一遍遍修改文稿，比如，托尔斯泰的《战争与和平》重写了 8 遍；歌德写《浮士德》花了 60 年，写写改改；海明威把《永别了武器》的最后一页修改了 30 多遍……拥有丰富经验的大作家尚且如此，何况新手作者呢？

那么，到底应该如何修改文章呢？

调整心态，允许不完美

修改文章时，要调整好自己的心态。

有人说，我写得太差了，根本就没有修改的必要。这样想的话，根本无从进步，因为你的水平永远停留在第一稿的程度。

也有人说，我改了很多遍，依然不完美，是不是修改毫无效果？其实，一个人的写作水平在短时间内是不会有太大浮动的，想通过修改，让文章从很低的水平一下跳跃到很高的水平，这基本是不可能的，进步总要一点点发生。

要允许自己不够完美，才能拥有前进的机会。我见过很多作者，明明拥有不错的能力，但总是质疑自己，觉得自己的作品不够完美，不敢投稿。其实，这个世界上没有完美的文章，每一篇文章都是有缺陷的，但缺陷也是一种美。当你执着追求完美时，这反而会成为你的阻碍。

什么才是正确的心态呢？

不妄自菲薄，知道自己拥有很大的上升空间；不追逐完美，而是追求确定性的阶段性进步；通过反复修改和调整文章字词句段，达到现阶段最好的水平。

这样比较平静的心态，对提高写作能力大有裨益。

通读修改

检查文章内容，控制在三遍即可。太少的话，修改不完善；太多的话，容易陷入反复修改、不敢投稿的怪圈。

第一遍修改，通读全文，修改所有错误的文字。

第二遍修改，检查逻辑是否清晰、通顺、完整；检查词汇表达是否严谨、准确；检查案例是否足够新颖、有趣且符合主题；检查句子是否有更高级的表达方式、是否可以更简洁；一篇文章最少起 3 个标题，择优而用；检查整篇文章有没有偏离中心观点。

自己完成第二遍修改后，可以发给朋友，让他们作为第一批读者，指出文章的不足之处，然后进行第三遍修改。比如，村上春树每完成一部作品，都会先让他的妻子阅读，给出建议。

这并不是说一定要按照朋友的建议修改。每个人的审美偏好是不一样的，如果你同时把文章发给五个人，五个人提出了截然不同的建议，那你要怎么选择呢？如果你和朋友的观点发生了冲突，又该如何呢？在我看来，一个作者必须坚持自己的想法，因为文字书写的是你的内心，只有你知道自己是怎么想的。你的文字有你的风格和特质，这一点是无论如何也不可磨灭的，身边人的意见，仅作参考即可。

使用 ChatGPT 辅助修改

可以使用 ChatGPT 辅助进行检查校对，让其提出合理建议。

如果你发现文章缺了某部分内容，但暂时没有灵感，可以向 ChatGPT 提问，得到答案，优化之后补充进去。

同样是使用 ChatGPT，为什么每个人得到的答案都不同呢？除了与 ChatGPT 本身的随机性有关，提问方式也会极大地影响它的回复。低级的提问方式只能得到低级的答案，高级的提问方式会得到更满意的答案，所以，在使用 ChatGPT 时，我们可以刻意学习一些提问方式。

在使用 ChatGPT 的时候，如何提问才能让它给出令人满意的答案？

1. 提问必须清晰准确

与人对话时，我们传递的不仅有语言信息，更有神态、语气、动作等。但与 ChatGPT 交流时，它只能从我们提供的文字当中获取信息，所以我们输入的文字要尽可能清晰明确，绝对不能使用有歧义、冗余拖沓的语言。

2. 学会让 ChatGPT 扮演角色

如果你想问更专业的问题，可以让 ChatGPT 扮演某个特定的角色。比如，询问关于写作的问题，可以这样提问：现在假设你是一位作家，请写出一篇精彩的悬疑小说；如果询问关于健康的问题，可以提问：如果你是一位专业的医生，你会给孕妇怎样的保养建议；如果询问关于运动的问题，可以提问：如果你是一位专业的健身教练，你会给想要减肥的人什么建议……

3. 巧用数字

如果你的提问中没有数字，那么 ChatGPT 可能会从单一的角度回答。如果你想要得到多角度的答案，可以巧妙穿插数字，举例如下。

一般提问：运动有什么好处？

进阶提问：运动有什么好处？请从 10 个不同的角度进行阐释。

一般提问：写作的意义是什么？

进阶提问：请说出 10 个写作的意义。

更高级的提问，会让 ChatGPT 生成多角度的回答，从而更便捷地提取我们想要的内容。角度越多，可选择的内容就越多。

4. "爬楼梯"式提问法

如果你提了一个非常复杂的问题，而 ChatGPT 的回答不符合你的预期，那就考虑换个方式提问或者拆分提问。运用"爬楼梯式"提问法，把问题拆成三个层次，从最低层次开始提问，循序渐进地增加高度，让 ChatGPT 把它自己回答的内容当成已知条件，在此基础上继续深挖答案。这样做的好处是能深度解决一个问题，而不是泛泛而谈。

5. 扩展指令

ChatGPT 习惯分点论述，如果你想要知道答案中某个点的具体内容，可以在它回答之后继续进行提问，比如："关于第五点 ×××，请展开论述，为什么会出现这种情况？"它就会精细解读第五点。

如果你想获取一些知识，可以继续提问："关于第五点内容，有什么科学解释或者心理学知识吗？"你会得到更详细的专业知识。这样多次提问后，答案会逐步丰富。

以上总结了五种提问技巧，你可以在运用的过程中做刻意练习，并且有意识地用不同方式提问同一个问题，比较得出的答案有何区别。在这个过程中，你会逐步知道什么样的问题大概能得到什么样的答案，以后再进行提问时更有的放矢。

在用 ChatGPT 修改全文时，熟练运用高级提问方式，会让你的文章血肉丰满，增色不少。

修改文章是一个缓慢的过程，甚至比写文章更累。因为你需要面对自己作品不够完美的事实，还需要不断思考如何才能完善这篇文章。所有好的作品都是精雕细琢的，我们要有精益求精的精神，才能写出好的作品。

修改，是提高写作水平的捷径。

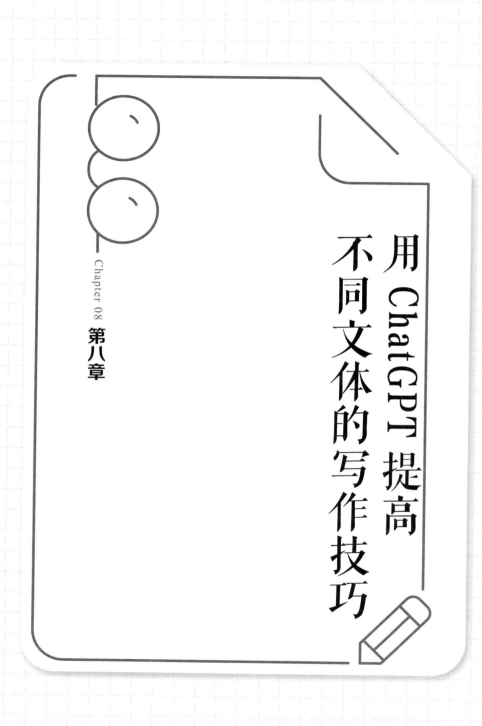

Chapter 08
第八章

用 ChatGPT 提高
不同文体的写作技巧

01 | 故事文写作技巧

几乎每一类文体，都需要故事，写好故事是写作的基础。怎样写好故事？如何提升写故事的能力？为什么同样一篇故事，别人写出来很精彩，而你写出来平淡无奇，毫无吸引力？

想要解决这个难题，可以从以下四个角度出发，努力写出打动人心的故事。

主题思想

你需要在下笔之前，就确定故事想要表达的主题思想。主题思想是一根线，需要贯穿始终，不能中断。确定主线后，才可以放心大胆地写。故事，要能反映某一类共同的现象，揭示某个道理。主题不对，掌握再多的写作技巧也没用。

如何确定一个好的主题？

第一个字是"正"：你的主题必须是正向的，可以弘扬真善美，可以批判社会现实黑暗，也可以写爱情、友情、亲情，但不能肯定丑恶，不能美化坏人，价值观一定要正确，文字才能流传下来。公开发表的文章肩负着传播价值观的责任，作者把自己的价值观融入文章，影响千万读者价值观的形成。写作表面上呈现的是不同排列组合的文字，但归根结底，本质上是在传播思想。

决定文章内容高度的是作者的思想高度，而不是各种写作技巧。AI是没有思想深度的，只有模式化程序，从这一点上来看，无论科技如何发展，都无法超越人类。

第二个字是"独"：文章一定要具有独特性，哪怕同一领域有再多人写过，也要努力发现一些别人没写过的内容。跟随大众，要写得非常厉害才能被看见，否则容易被埋没；另辟蹊径，选准一个独特的赛道，竞争压力小，更容易出成绩。

那么，主题是不是越宏大越好呢？立意没有大小之分，再小的主题，也有其存在的价值。而且，通常来说，一篇故事文的主题不能太宏大，否则容易空泛，没有重点。以小见大才是正确的做法。

人物塑造

一个精彩的故事，通常离不开饱满的角色。"主题"是线，"人物"是魂。创造出一个生动鲜明、让读者记得住的人物，这个故事就离精彩不远了。如何塑造饱满的角色？从两个方面入手：丰富性、独特性。

1. 丰富性

我经常看学员的文章，发现很多人写的人物根本不立体。一个扁平的人物是没有吸引力的，读者说"你这个人物写得真好"，并不一定是夸奖；当读者说"这样的人我见过"，这才是夸奖。能让读者看出虚构痕迹的，那就是雕琢感太重了。我们想呈现的并不是写作技巧，而是抹去写作痕迹，让读者意识到，这就是一个真实的人。所以，我们得让人物丰富起来，不能从单一维度写，要让他的性格更复杂、更多维、更矛盾，毕竟真人都是这样的。怎么让人物丰富呢？让好人有缺点，让坏人有优点。多维的塑造，能让人物拥有真实的生命力。

2. 独特性

你的人物和别人创作的人物有什么不同呢？有没有什么独特的爱好、习惯、口头禅、动作？为你的主人公设计一个与众不同的标志性特点，会更容易被记住。鲁迅就是一个创造独特性人物的天才，比如，提到"善于自我安慰的人"，我们就能想到"阿Q"；提到"穿着又脏又破的长衫的人"，我们就能想到"孔乙己"；提到"细脚伶仃的圆规"，我们就能想到"杨二嫂"；提到"手握钢叉跟猹搏斗的英雄少年"，我们就能想到"闰土"……这就是创造独特性人物的方法。为你的人物深深刻上某个烙印，提到某个东西，就能让读者想起他来。

又如《红楼梦》中的十二钗，虽然都是女性，但是人物特点各不相同。

林黛玉：才华横溢、情感细腻；

薛宝钗：温良恭让、周到得体；

贾元春：德才兼备、雍容大度；

贾探春：聪明伶俐、见解不凡；

史湘云：淘气憨直、活泼开朗；

妙玉：清高孤僻、才华横溢；

贾迎春：懦弱无能、害怕惹事；

贾惜春：青灯古佛、清冷心硬；

王熙凤：尖酸刻薄、圆滑处世；

贾巧姐：乖巧可人、纯真可爱；

李纨：心胸开阔、宁静淡泊；

秦可卿：性格风流、绝世美貌。

我们在写作的时候，尤其是在写小说或者人物稿的时候，一定要提前设定人物小传。人物小传要包括如上的一句话性格概括，以及更详细的姓名、身份、成长环境、重要的外貌特点、重要的过往经历、兴趣爱好、人际关系等。人物小传越详细，刻画出的人物越立体。

故事情节

写故事，需要琢磨情节。如果情节没有波澜，读者会读不下去。一个好的故事，把情节线拉出来，肯定不是直线，而是波浪线，高低起伏。这样的情节设置才精彩。那么，具体怎么做呢？

1. 确定角色的目标

分别确定每一个角色的目标，是设定情节的第一步。

为什么必须有目标呢？目标，可以增加角色的真实感，推动情节发展，增强角色之间的联系，提高读者的期待感。

如何虚构一个故事呢？其实非常简单：先创作一个人物，再给人物一个目标。当现实和目标有差距的时候，就有了故事情节。

2. 设定角色实现目标的障碍

为了达到目标，主人公需要克服什么障碍？他遇见了哪些挫折和失败？设定合理的障碍，可以为故事注入戏剧性和紧张感，增加故事的复杂性，展示角色的成长，推动故事情节的发展。

3. 详细描写突破障碍的过程

遇见障碍后，角色是如何克服的？做过哪些具体的努力？每一次努力的过程是怎样的？得到了什么结果？请记住，不要让角色一次性成功达成目标，一次性成功的故事根本不精彩。可以给主人公设置多重障碍，让读者跟着主人公一起失败，感受那种失落的情绪，沉浸在悲伤当中。同时，也要让读者感受到主人公愈挫愈勇的品质，同他一起拼搏向前。在这样的过程中，读者比较容易和主人公共情，如此一来，读者不再是旁观者，而是人物本身。

4. 设定好故事的转机

历经磨难后，主人公经历什么事件，才能迎来转机？这个转折或许已经偏离了他原本的目标，但是让他意外得到了一次新的成长。为什么要设置转机？目的是不让情节落入读者的想象当中。当读者觉得故事一定会按照他的预测发展时，你偏偏不那么发展，这种意料之外、情理之中的故事，才更好看。

5. 结局是什么？

你的故事的结局是什么？有些作者在刚落笔写开头时，就已经想好了结局；另一些作者则选择随着主人公的成长而自然展开故事情节，等主人公成为一个丰富立体的人物，他会有自己想法，再顺着人物的想法自然而然地写出结局。这两种方法没有孰优孰劣，只是要注意一点：结尾要服务于主题，不能太偏离。最好的结局是给读者一种意犹未尽的感觉，这样才能让读者念念不忘。

修改故事

前文提过，任何文章的写作都不是一蹴而就的，写故事同样需要反复打磨。运用前文提到的修改方法，沉下心，进行精细修改，才能让故事更加完善，更受欢迎。

讲完技巧，我们以一个校园小说为例，详细介绍使用 ChatGPT 进行写作的细节。

> **提问：** 我要写一个校园小说，故事发生在高中校园，主题是拼搏奋斗，男主角季澜是学习成绩极好且循规蹈矩的少年网球运动员，女主角陈朵惟是表面温柔恬静实际非常叛逆的实习校医。请根据这个设定，写出一个完整详细的人物简介和故事简纲，要求符合人物设定，有逻辑。

ChatGPT 男主角：季澜，19 岁。

人物背景：高中生，学习成绩最出色的学生之一，对自己要求极高，每天严格按照时间表进行学习、训练和休息，循规蹈矩地过着有条不紊的生活。他是校网球队的主力队员，多次在比赛中展现出非凡的球技和毅力。

个人目标：进入著名大学的体育系，成为一名顶尖网球运动员。

内心矛盾：虽然在学习和网球方面非常出色，但他内心常常感到孤独和压抑。他没有太多时间和精力投入社交活动，缺乏真正的朋友。有时他会怀疑自己的选择，想知道是否值得为了这个选择放弃其他的乐趣和生活体验。

女主角：陈朵惟，21 岁。

人物背景：学校的实习校医，尽管年纪较轻，但她有着深厚的医学知识。她是一个表面上温柔恬静，实际上非常叛逆和独立的少女。她对学校的权威和成规持怀疑态度。

个人目标：成为最优秀的康复治疗师。

内心矛盾：尽管陈朵惟表面上展现出强烈的自我主张和叛逆态度，但内心深处她渴望被理解和接受。她渴望能够找到一个知心朋友。她有时会对于自己的叛逆行为感到内疚和矛盾，同时也担心自己的行为会给他人带来麻烦。

故事设定：

在高中校园中，季澜和陈朵惟意外地相遇，并逐渐建立起特殊的联系。季澜在遇到陈朵惟后，开始重新审视自己的人生和目标，渴望找到生活的平衡点。而陈朵惟通过与季澜接触，渐渐理解自己的叛逆行为需要更理性的表达，并逐渐接受自己的过去。两人通过互相帮助和支持，共同成长，并在拼搏奋斗的过程中实现自己的目标。他们一起面对各种挑战和困难，同时发现了友谊和爱情的力量，最终实现了自己的梦想。

可以看到，ChatGPT 生成了很详细的人物小传，但是故事设定太过笼统，没有太大的参考价值。这时候，我们可以对其进行修改。

修改后的故事设定如下。

高中网球联赛，季澜带领球队再次夺冠。因运动损伤，季澜前往校医室购买止痛药物，遇到新来的实习校医陈朵惟，陈朵惟看出他的旧伤严重，建议他去专业的医院检查、治疗，但是被拒绝。陈朵惟从老校医那儿听说季澜患有轻微的孤独症，生活中除了学习和打球，什么都不关注。陈朵惟的毕业论文方向正是运动员的心理健康，认为季澜是一个很好的研究样本，于是主动接近季澜。

从来没有过朋友的季澜对性格急躁的陈朵惟的主动接近，从最初的不适应逐渐变为习以为常，两人日渐熟悉。季澜开始重新审视自己的人生和目标，陈朵惟也渐渐明白自己的叛逆行为需要更理性的表达，并逐渐接受自己过往不愉快的经历和不完美的原生家庭。高考之后，季澜成功成为理想大学的特招生，加入国家队；陈朵惟通过国家队队医的选拔，两人彼此扶持，共同为实现梦想而奋斗。

02 | 观点文写作技巧

现在互联网上最流行的文章类型是什么？无疑是观点文。尤其是在公众号兴起以来，阅读量 10 万 +、100 万 + 的观点文非常多。为什么观点文容易成为爆款文？因为观点文与我们的现实生活更接近，短小精悍，信息量丰富，容易让读者产生共鸣，从而获得广泛传播的效果。很多人刚开始学习写文章，就是从观点文入手的，但观点文想要写好，不是那么容易的。很多人写观点文时容易出现这样的错误：观点不清、逻辑错误、结构松散、案例陈旧。

如何解决这些问题，写出条理清晰、让人眼前一亮的观点文呢？我从以下几个角度进行详细讲解。

确定观点

观点文最重要的是观点，如果观点比较平庸，那文章就失去了看点。如何确定自己想要表达的观点呢？有时候，你不是没有观点，而是表述不清。

你可以试着先把自己想要表达的意思详细写成一段话，再将一段话浓缩成一句话。如果你觉得自己写得不够好，那就发给 ChatGPT，让它帮助你提炼，或者把你提炼好的观点发给 ChatGPT，让它写出相同意思、不同结构的句子。得到 ChatGPT 生成的诸多答案后，你可以从中挑选质量较好的回答，优化成属于自己的观点。

好观点的特征是什么？逻辑清晰、有说服力、能成功引起读者的兴趣和共鸣。写作者平时要有意识地多多积累那些比较亮眼的观点，看看表述这些观点的句子结构是怎样的，学会拆解其中的逻辑，并多加练习。

组织结构

观点文的结构形式有很多种，其中有一种非常好用且适合新手作者：三线并进结构，即用一个主论点统领三个分论点。

使用金字塔思维，搭建大框架：确定一个主题观点，并从不同角度思考出三个分论点。这三个分论点要有一定的逻辑关系，比如，总分关系、并列关系、递进关系等。三个不同层面的分论点，形成一个厚实紧密的文章框架。

搭建大框架之后，详细做每个分论点内容的填充。每个分论点的结构可以为引子—提出分论点—解释说明—正反案例—金句—总结。

具体而言，首先，把一个社会热点话题作为引子抛出来，并用一句话引出分论点；其次，做进一步的阐释，并通过不同的案例论证说明，在案例与案例之间用一句话承上启下进行过渡；再次，用一些金句作为点睛之笔；最后，概括总结，扣题，让读者有醍醐灌顶之感。

三个分论点都可以采用这样的结构，规整有序，环环相扣，层层递进，从不同角度和维度佐证文章主题。

分析素材

观点文中的素材形式非常多样，包括新闻事件、人物故事、名人语录、名著名句、自身故事等。如果你缺乏素材，可以把自己的观点输入ChatGPT，让它帮你找到一些素材。

> **提问：** 提供一些没学历但是成为作家的人物的案例。

ChatGPT 虽然大多数作家在其进入职业生涯前受过教育，但也有一些成功的作家并没有正式的学历。以下是一些著名的作家案例，他们没有大学学历，却凭借自己的才华和努力成为成功的作家。

1. 马克·吐温：没有上过大学，自学成才，成为文学界的重要人物，代表作品《哈克贝利·费恩历险记》和《汤姆·索亚历险记》。

2. 村上春树：大学期间辍学，30 岁时开始写作，成为世界文坛的重要人物，代表作品《挪威的森林》《且听风吟》等。

3. 塞尔玛·拉格洛夫：诺贝尔文学奖得主，年轻时因身体原因无法正常上学，但这并没有阻碍她成为一位杰出的作家，代表作品《尼尔斯骑鹅旅行记》。

4. 鲁迅：曾就读于仙台医科大学，但没有完成学业。他是中国现代文学的奠基人之一，代表作品《朝花夕拾》《野草》等。

5. 沈从文：仅受过小学教育，报考燕京大学国文班未被录取，只能在北京大学做旁听生，代表作品《边城》等。

这些作家的成就证明了学历并不是成为杰出作家的必要条件。他们通过自学、广泛阅读和独立思考，以独特的视角和才华创作出了经典的文学作品，对世界文学产生了重要影响。

在第五章里，我详细介绍过收集素材、整理素材、积累素材的方法，大家可以回顾学习，建立一个观点文素材库。

很多作者写作时遇到的问题是，感觉这个素材可以用，那个素材也可以用，一堆素材摆在眼前，根本不知道该如何挑选。建议大家对所有自己觉得不错的素材进行分析和比较，删掉自己觉得不合适的，留下更贴合文章主题的。

应该删减哪些素材呢？陈词滥调的、过了新闻时效的、不合主题的……不要害怕删素材，有时，不合适的素材会毁掉整篇文章。只有勇于删减，才能为更合适的素材留出空间。

那么，应该让哪些素材入文呢？挑选扣题的、亮眼的、新颖的。一般来说，两千字的观点文，包含三个案例就差不多了。案例组合也是很讲究的，要有差异化，既有正面的，也有反面的；还要详略得当，既有主案例，也有次案例。这样组合出来的素材更多维、扎实、丰富。

素材是为文章观点服务的，这一点一定要时刻记牢。我在阅读学员文章的过程中发现，有些素材很新颖、特别，单独拎出来是一个不错的故事，但是融入文章后反而让文章跑题了，并没有达到说明观点的作用。这显然是主次颠倒，只看素材好不好，根本不看素材对论证主题有没有帮助。

因此，我们在选素材时，要把符合文章主题作为第一选择标准，在符合第一选择标准的基础上考虑是否新颖、有趣。这就好比买衣服，要把合身作为第一标准，在合身的情况下去挑选款式。而不是买了一件款式新颖的衣服，却和身材不相称，这就属于本末倒置。

修改观点文，除了要注意逻辑错误，还要防止行文拖沓、枯燥、乏味。如果用大量篇幅重复一个意思、说明一个观点，很容易让读者失去阅读兴趣。

构造精巧的园林，亭台轩榭、花草树木、林泉溪流、疏阔幽曲皆有，步移景异却有和谐之妙。优质的观点文亦是如此，通过观点、案例、金句，构造出精美的内容，设计精巧却又浑然天成，内容丰富却又丝毫不乱，让人回味无穷。

03 | 干货文写作技巧

干货文的写作要义是向读者传达某个领域的知识、方法论等。这类文章和我们之前所讲的几类文章有些许不同，因为干货文所讲的内容是有阅读门槛的，如何尽可能通俗易懂且不枯燥地讲明白一个干货知识，是难点所在。

从以下几点技巧上进行把控，会让干货文呈现更好的效果。

灵活引入

1. 热点话题

开头写最近的热点话题，点明因为发生了什么事情，让你想到了这个知识点。用热点话题引入的好处是话题拥有海量曝光，很多人关心和好奇，自然流量会很大。

2. 故事

讲述自身或者他人的故事，自然地带出知识点。人天生爱看精彩的故事，这会帮助读者产生代入感。

3. 痛点

写大多数人面对的普遍困境，点出痛点之后，引入知识。痛点最好和目标读者密切相关，如果你戳中了读者的痛点，那么他就会被吸引，他很有可能希望通过阅读这篇文章，解决自己的困境。

引入完成，进入正题，写自己想要分享什么内容，为什么要分享这一内容，这一内容有什么重要性，以及对大家有什么用。这会让读者明白，原来这个知识竟然这么重要。

考虑目标受众

写干货文一定要有读者思维，知道读者喜欢什么、能看懂什么。在提笔之前就要想明白：读者是谁？他们对这个知识了解多少？如何下笔才更简洁易懂？

有的作者写干货文时，为了显示自己很专业，经常用很多外行听不明白的词汇，极尽能事地展示高深学问。这会造成很多读者看不懂。读者是很"懒惰"的，如果刚开始就看不明白，很少有人会强迫自己看下去。无论你的文章多么有价值，没有被阅读，就失去了意义。

那么，想要写一篇简洁又吸引人的文章，需要怎样的技巧呢？

不要生搬硬套很多专业词汇，如果你无法用朴实的语言解释某一专业名词，说明你对这个专业名词的真正含义理解得还不透彻，可以学习白居易作诗的方式，他作诗后会让老妪听，如果老妪能理解，就收录，否则的话就做出修改。这是一个很好的方式，如果你写的文章"小白"都能看懂，说明写得好；如果只有行业内人士看得懂，反而说明写得不太好。

学会类比

类比是一个非常常用的写作手法。如果一个知识点太难理解，可以用类比的手法来写，把难解释的知识点用生活中的一个例子通俗易懂地说出来。

公众号"进化岛"推送的某篇文章中的一段，很好地运用了类比的手法。

什么是认知？

想象你是一辆奢华英伦跑车，你在设计、发动机、空气动力学方面拥有顶级的产品性能。

整车遵循经典美学黄金分割比例设计。

你决定起程，在广阔的赛道纵横万里。

你开始想象沿途人们的欢呼和美慕的眼光。

你似乎已经听见连续不断的引擎轰鸣声由远及近，观众疯狂的呐喊和引擎咆哮声响彻大地。

你在一个个死亡弯道漂亮超车，甩开了身后众多渺小的跟随者。

你享受着万众瞩目，夕阳下的你绝尘而去。

然而，睁开眼的你却发现：没油。

一辆永远没油的车，是开不出去的。

一辆永远没油的车，是没有价值的。

于是，你只能在停车场，任凭灰尘无情掩埋，自行车无情嘲笑。

每天祈祷驾驶员早日施舍你一些油。

"油"，就是认知。

使用类比的写作手法，可以化抽象为具象，把陌生的知识嫁接在大家熟知的领域上，让读者更容易理解、更有亲切感。这就是化腐朽为神奇。

🖇举例子

刘润的同名公众号"刘润"中有一篇文章在讲什么是 Web 1.0、Web 2.0、Web 3.0。

什么是 Web1.0？其实就是第一代互联网。

最早期的互联网，多是门户网站，比如新浪、搜狐、网易、雅虎。

这些网站的特点，就是内容主要由这些网站的编辑整理，作为用户，我们只能浏览，只可读。所以，Web 1.0 的特点是：Read。

那什么是 Web 2.0 呢？ Web 2.0，就是我们正在经历的互联网，比如微博、微信。

互联网的发展，更进了一步，内容不仅由平台生产，作为用户，我们也能贡献内容。你可以写帖子，可以发文章，可以拍视频了。不仅可读，还可写。所以，Web 2.0 的特点是：Read+Write。

什么是 Web 3.0 ？ 就是不仅可读，可写，还要可拥有。我要拥有自己的数据和内容，拥有自己的权利和收益。我说了算，而不是平台说了算。

所以，Web 3.0 的特点是：Read+Write+Own。

虽然 Web 1.0、Web 2.0、Web 3.0 这些名词很陌生，但是当作者把我们熟知的案例分别加上去之后，我们就能够领悟这些名词是什么。这就是案例的重要性。

要有知识增量

一个没有知识增量的干货文是失败的，因为干货文的写作目的是传播知识。一篇干货文只阐述一个知识点就够了，不需要很多，多了容易乱，作者容易讲不清楚，读者容易产生阅读负担。

什么样的结构最适合干货文呢？ 引入—点题—正文—总结。正文部分是全篇的核心，可以按照一定的逻辑结构来写作：是什么、为什么、怎么样。

如果你在写作过程当中，遇到了自己也不太清楚的知识点，可以使用 ChatGPT 作辅助，让它推荐书目、推荐文章、解释名词、拓展知识。ChatGPT 最擅长的就是从信息库中调取知识点。但是切记，不要原文照抄它生成的内容，因为 AI 生成的语句很生硬，而且可能存在错误，它的定位只是一个知识工具库。

04 | 情感文写作技巧

　　情感文是什么？是以人类各种情感为核心所写的文章。包括哪些情感呢？亲情、爱情、友情、思乡情、师生情等，没有局限。

　　情感文有巨大的阅读市场，因为人拥有七情六欲，天然就会被富含情感的文章所吸引。为什么读者爱看情感文？因为能在文章中看到自己的情感。人是需要同类的，当我们孤独时，我们会不自觉地靠近同类；当我们拥有某种感情时，就会喜欢看同类型的文章，从中找到巨大的呼应感，得到情感上的慰藉。

　　人之所以为人，就是因为有丰沛的、细腻的情感。在这方面，AI 远远赶不上。它们只能在技术领域升级，在程序层面解读情感，无法真正深入地与人类共情。ChatGPT 很厉害，如果你在情感方面有困扰，它可以为你排忧解难，给出安慰和解决问题的方法，但它无法真的懂你，因为它是程序，不是人类。人性的复杂、情感的细腻、情绪的流转，都是它无法理解的东西。

　　情感文如何才能写好呢？最好的方法就是沉浸式体验自己的情感。只有我们理解了自己的情感，才能写出真正饱满的情感文。

　　下面针对不同类型的情感文，拆解详细的写作方法。

故事型情感文

　　故事型情感文的主要形式是写一个故事，围绕某种情感展开。按照正常的故事文结构写作即可，唯一不同的，是整篇故事以情感为中心。

　　故事型情感文写作最重要的三个要点如下。

1. 细节饱满

　　情感故事要从细节入手打动人心。细节是什么？细节是起关键作用的小事。为什么细节如此重要？因为生活就是由千千万万个细节构成的。宏大叙事虽然听起来"高大上"，但很空泛，没有具体的落脚点和抓手，读者的情感无处依托。当我们写细节时，是生动的、具象的，是和读者的生活息息相关的。读者在看到这些内容时，会更有感触。比如，写父母对子女的爱，不必写惊天动地的大事件，可以写父母冬天晚上多次去给孩子披被子，写凌晨五点厨房亮起的灯光，写夜里十一点站在巷口等孩子下晚自习的身影……这就是以小见大，细节虽小，情感却非常饱满。

2. 行文自然

很多人写故事时会强行升华，好像不升华，读者就看不出主旨似的。其实读者心里跟明镜似的，作者强行总结升华感情，有时反而会引起读者的反感。强行升华，就好像在叫嚣：你看啊，我都这么写了，你还不快点感动？功利心过强，容易让读者感觉自己被控制。一旦他们意识到自己被你的文字绑架，就会想要挣脱。所以，故事型情感文写作，一定要顺其自然。你的故事脉络、逻辑是通的，细节是匹配的，情感便是水到渠成的。润物细无声的文章才最能打动人心，情感一点点渗透，读者还没有反应过来，便已经深陷其中。让读者感受不到行文技巧，才是最高级的技巧。

如何才能自然地渗透情感？

我始终认为，人间真情，最动人心。能打动自己的，才能打动读者；能让自己哭的文章，才能让读者落泪。情感从作者的心里溢出，蕴藏在文字当中，传递给读者。所以，在下笔之前，作者要调动全部的情感进行沉浸式写作，让自己丰沛的感情自然流淌在字里行间。

3. 注意留白

表达情感最怕什么？最怕过于直白。平铺直叙，会失去耐人寻味的韵味。什么样的情感才动人？是蕴含绵长情绪的，是有张力的，是露出冰山一角，让人忍不住猜测剩下部分的。

如果你有十分情感，将十分写尽，那就索然无味。你有十分情感，可以只写三分，余下的，让读者无限遐想。你创作三分，读者自行补全剩下七分，这样才能让故事在读者心中留有余味。如果你的情感是含蓄的、隐藏的，读者可能会更愿意探索。

观点型情感文

这种文章适合发布在新媒体平台，针对某个情感观点进行分析，容易触动人的内心，具有爆款属性。观点型情感文的结构，通常是先用一个小故事或者社会热点事件引出情感观点，再补充各种分论点和佐证案例，最后以金句收尾，前后呼应。

写这类型文章的作者太多，如果想要出挑，必须记住两个要点：写细不写全，写奇不写普。

什么是写细不写全？

在一篇文章中写多个观点，看着挺全面，其实容易写得过于宽泛。应该深挖一个细分观点，进行分析。

什么是写奇不写普？

可以试着写小众一些的观点，这样更容易吸引人，当然，观点不能违反道德标准。狭路相逢奇者胜，新媒体文章太多，你要写出新奇的观点，不要怕争议，因为没有争议的观点成就不了爆款。当读者能够在你输出的观点的基础上，形成对立两派进行辩论，文章就有了成为爆款的可能性。人人都赞同的观点是基本常识，不能说是作者的独特观点。

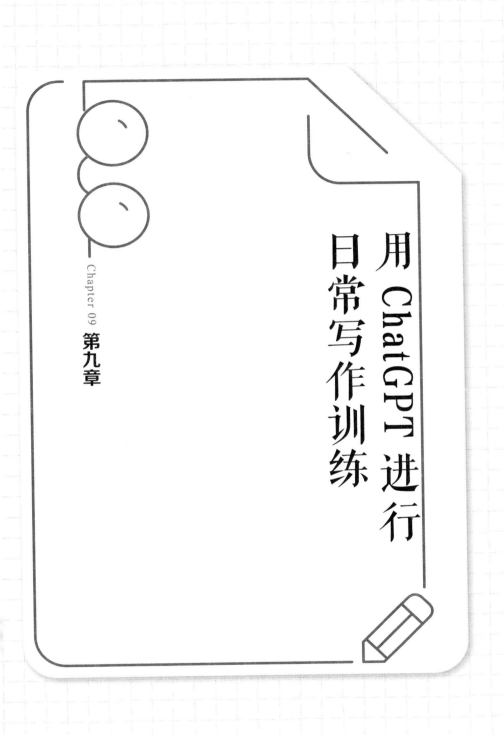

Chapter 09

第九章

用 ChatGPT 进行
日常写作训练

01 | 用写作倒逼阅读，拓宽知识面

在写作的过程中，词穷是很多作者常见的问题之一。尤其是新手作者，刚开始写作，全凭兴趣，在写作之前，甚至从不看书。

其实，作家这个看似没有门槛的行业，是门槛最高的行业。写作越久，你越会发现知识匮乏。

写作不仅要懂人性，懂读者心理，如果你的作品涉及专业知识，你还需要懂专业知识。只有扩宽自己的知识面，作品才更有广度、深度。

用写作倒逼阅读，让阅读给写作提供养分，如此写作才能长久。

除了学习知识，我们还可以用哪些有关阅读的方法提升写作能力呢？我分享几个我常用的阅读方法。

提炼观点，改变认知，打破思维限制

当你读了足够多的书，你就会发现，同一个问题，不同作者的见解可能完全不同，那么，谁对谁错呢？

他们可能都是对的，只是看问题的角度不同。这就是读书的好处，或许我们看一件事，只能看到一个点，但是通过阅读可以了解到不同作者对同一件事的不同看法，甚至有一些观点是相悖的。只有看到足够多不同的观点，我们考虑问题才会更全面、更深刻。

当我们对于一件事的了解从点过渡到面，我们才算真正看清楚了一件事。这是非常有利于写作的，可以帮助我们避免观点单一、对一件事的看法不够全面等问题，能够更好地了解事情本质，帮助读者解决问题，文章会变得更有深度。

书籍中好的观点和思想也会影响我们，让我们的思想变得更深刻。一些国学类的书，如《道德经》《了凡四训》《论语》等，书中的一些处事智慧、做人的智慧、人性的剖析，以及生活中应对各种困境的方法等，

对于写作者来说简直就是宝藏。好书影响作者思想，作者思想呈现在作品之中，又会影响其他读者。

作品的深度等于作者思想的深度。

分析作品结构，研究写作框架

时刻记住我们是作者，阅读不仅仅是为了积累知识，还要养成时刻分析作品结构的习惯。

我看书的时候，经常研究作者的写作框架。这对我后来写书有很大帮助，无论任何选题，只要有对标图书，我就能写出来。

那么，怎么分析书的框架呢？我再次拿《认知觉醒》这本书举例。

这本书的结构如下。

在开头普及专业知识，然后展示读者痛点，接着剖析问题原因并给出解决方法，最后总结升华。几乎每一个章节都是这样写的，这个结构非常精妙，对于读者来说每一步都是吸引力。这就是爆款书的结构。

还有一些文学作品，我们也可以用类似的方法进行分析。比如，想知道书中人物较少时怎么写，可以看《一个人的朝圣》《一个陌生女人的来信》《挪威的森林》。

想知道人物众多的群像小说怎么写，可以参考《红楼梦》《水浒传》《白鹿原》等。我们可以研究人物怎么出场、出场顺序是什么样的、如何从这个人转到另一个人、不同人物如何刻画等。

不同的作品各有特点，分析多了，你就知道该如何创新了，最终找到自己的写法。

在写作的过程中，我不建议仿写情节，因为这很容易引起抄袭争议。可以借鉴经典作品和爆款书的写作框架，但是选题和内容，以及叙述风格一定要原创。

我们学习是为了精进、超越，不是为了复制和抄袭。

📝 积累词汇，刻意练习

很多作者被词穷困扰，我有一个依靠阅读解决词穷的方法：阅读的时候，可以把你喜欢的词语抄下来，要求自己下次写稿的时候必须用到文章中。用三次以上，这个词语就会进入你的大脑词库。我以前用这个方法练习，很好地解决了词穷的问题，现在，这个习惯我仍然保留着。

📝 关注细节描写

有人不会写环境，阅读时可以重点看环境描写；有人不会写对话，阅读的时候可以拆解一下书中的对话；有人不会写转场，阅读的时候可以抄一些书中的转场描写备用，也可以使用 ChatGPT 整理一些作品中的转场描写，去研究它们的特点，并根据分析结果进行刻意练习，这样的阅读对于写作帮助更大，能够很好地提高写作能力。

> **提问：** 整理一些小说中转场的经典片段。

🌀 **ChatGPT**

1. "当她穿过大门，发现全新的世界已经展现在眼前——"
2. "她推开大门，走出昏暗的房间。眼前是一片绚烂的景象，阳光洒满了广阔的原野，绿树成荫，彩蝶翩翩飞舞。这是她未曾见过的美丽世界。"
3. "随着电梯门缓缓打开，他被眼前的景象震撼住了。高耸入云的摩天大楼，灯火璀璨的城市，人潮涌动的街道，他来到了梦想中的都市。"
4. "透过窗户，他看到了迷人的海滩。蓝天白云映照着碧海金沙，海浪拍打着岸边，带来一阵阵清凉的海风。他终于到达了心心念念的度假胜地。"
5. "当车窗缓缓滑下，他的目光被一座宏伟的城堡所吸引。城堡高耸入云，花纹精美，仿佛故事书中的仙境。他踏上了奇幻的冒险之旅。"
6. "她抬起头，发现自己置身于一座古老的森林中。参天大树遮天蔽日，丛林中充满了神秘的气息。她踏上了未知的旅程。"
7. "他踏上露天阳台，眼前是一望无际的星空。银河铺满整个夜空，星星闪烁着神秘的光芒。他沉浸在星辰大海中。"

8."透过窗帘的缝隙，她瞥见了迷人的巴黎夜景。闪烁的灯光映照着塞纳河畔的建筑，到处都是浪漫的气息。她来到了梦想中的艺术之都。"

提问： 分析这些转场的特点。

---

⑤ **ChatGPT**　这些转场片段在小说中具有以下特点。

1. 突破边界：转场片段通过角色穿越门、车窗、窗户等物理边界的方式，将他们从一个环境带入另一个全新的环境。

2. 对比鲜明：转场片段通常用于描述全然不同的场景，与之前的场景形成鲜明的对比。比如，从昏暗的房间走到明亮的阳光下，从繁华的城市来到宁静的海滩等，这种对比加强了视觉冲击，让新环境更加生动。

3. 情感表达：转场片段不仅仅是描述角色所见所闻，还借此表达角色的情感和内心变化。例如，角色可能被新环境所震撼、感到兴奋和期待、产生安宁和放松的情绪。这些情感表达使得读者能够更深入地理解角色的感受。

4. 推进故事发展：转场片段常常被用来推进故事的发展。角色通过转场来到新的环境后，可能会面临新的挑战、结识新的人物，或者展开新的冒险。这种转场为故事注入了新的动力和可能性。

✍ 分析作品特点，总结复盘

我在阅读的时候，并不是看过的每一本书都能理解，有时候也会遇到一些书，虽然好，但是看完了仍不知道它讲了什么，记忆不是那么深刻。

遇到这种书的时候，可以去网上搜书评来辅助自己理解，如果想要更深层次地了解内容，还可以查阅相关的研究论文。

养成作家思维，像作家一样去读书：一边看书，一边分析，一边学习，一边总结复盘。读完一本书后，去实践，记录问题，再优化，再实践，再创新，再精进。如此，作品会越写越好，写作之路也会越走越宽。

只写不读是不可取的，写作一定要输出和输入相结合，写不出来就去读，读不下去就去写。

写作是一场马拉松，慢慢跑，匀速前行，更容易坚持到最后。

02 | 刻意练习，打牢写作基础

通过刻意练习，任何能力都可以得到提升，写作更是如此。

关于刻意练习，前文已经介绍过基本方法，本节结合实际案例，详细讲解更具体的练习方法。

有些写作者刚开始写作的时候，题材和体裁分不清楚，小说和故事分不清楚，议论文写法完全不懂，甚至段落的划分和标点符号的使用都不懂。如果你想要入门写作，可以给自己列一个问题清单，根据问题清单一个一个解决问题。例如，以前我在写作的时候，"的""地""得"不分，我就打出来一份"的""地""得"的试题，每天做一道题，后来这个问题慢慢就被解决了。

现在是 AI 时代，想要搜集这些知识更为便捷。

收集你的问题，先根据问题整理答案，再根据答案进行刻意练习。

比如，你不了解什么是小说，什么是故事，就可以输入这个指令，ChatGPT 会给你答案。

如果你看了名词解释依然无法理解，可以再次发出指令，让它给出案例。根据案例，我们可以在平时的写作中进行刻意练习，比如，针对同一个主题，分别用故事体、小说体来撰写文章。

提问：什么是故事，什么是小说？

🌀 **ChatGPT** 小说是一种长篇虚构故事，通常以文字形式呈现，包含复杂的情节、人物塑造和主题表达。小说通常以书籍的形式出现，可以分为各种类型，如爱情小说、冒险小说、科幻小说等。小说的特点是篇幅较长，

能够深入探索人物内心世界，有复杂的情节。

故事则是更为广泛的概念，包括小说在内，也包括其他形式的叙述，如童话、传说、寓言等。故事通常是为了传达特定的信息而编写的，篇幅相对较短，可以通过口头传承、书籍、电影、电视剧等形式呈现。

提问：分别用案例来说明。

⑤ ChatGPT　《红楼梦》是一部中国古代小说，也是一部长篇小说。它以文字形式书写，通过复杂的情节和众多的人物塑造，展现了贾、史、王、薛等大家族的兴衰和人物之间的复杂关系；通过细腻描绘人物的内心世界、社会风貌，以及对封建礼教、官场腐败等问题进行批判，探讨了人性、命运、爱情等主题。

故事的例子可以是《灰姑娘》。这是一则传统的童话故事，以口头传承和书籍形式广为流传。讲述了一个贫穷、被虐待的女孩因为善良、充满勇气，最终与王子幸福结合的故事。这个故事传达了善良、公正、努力奋斗的价值观，给予读者希望和激励。

这两个例子展示了小说和故事的区别，小说更加复杂，涉及更多的情节和人物；而故事可以是一个相对简短的叙述，用来传达特定的信息和价值观。

那么，如果要写一本书，如一本小说，刻意练习有效吗？答案是有效。写书时，最重要的刻意练习方法是实践和优化。

用写作实践检验写作问题

当你要写一本书时，不要提前预设困难，那没有任何益处，只会让你止步不前。你要敢于实践，直接动笔去写。

当然，要完成一本书不容易，写作过程中肯定会遇见各种各样的困难，80% 的作者败在了自己的第一部作品上面。

其实，第一部作品只要完稿就是胜利，要记住，先完成，再完美。第一部作品的不完美是可预见的，写作过程中存在的问题，只有通过实践才能明确，并具体问题具体分析，所以，第一部作品的价值是找到我们写作的薄弱点。

总结复盘提升，找到方法

在写作的过程中，遇见问题记得及时记录。

为了帮助大家找到写作过程中存在的问题，在我们的写作课中，有这样一个活动，叫"写作马拉松"，要求学员在一个月之内，完成一部10万字的作品。这个活动的目的是帮助大家完成一部作品，并且找到写作过程中的问题。

我发现学员在挑战的过程中，存在最多的问题是表达不精准，即无法用最精准的词语、句子表达自己的意思，只能用大白话。还有人不会写细节，情节写不好，作品写不长，剧情乏味，缺乏专业知识等。

其实，不管是写作还是工作、创业，有问题不可怕，有问题解决问题即可，可怕的是不知道问题是什么。因此，在完成一部作品之后必须总结具体问题，并解决这些问题，这比写下一部作品重要。当然，这个方法也可以用在写文章的过程中，同样可以帮助作者提升写作能力。

复盘方式可以参考以下模式。

情节够不够吸引人：尝试给故事设置障碍。

经常不知道接下来要写什么：提前写清楚故事大纲。

环境描写缺乏细节：日常练习环境描写。

不会转场：收集小说转场案例，学习小说转场写作方法。

人物刻画不够深刻：分析经典作品的人物，学习其写作技法。

总喜欢写对话：尝试不用对话推进情节。

不会细节描写：尝试用场景、心理、环境及对话描写推动故事发展。

一个章节写不多，只能写 2000 字：写一篇 5000 字的文章。

……

按照这样的模式总结、复盘，坚持下去，一定会有收获。

针对薄弱环节进行刻意练习

作者完成一部作品之后，应该先进行复盘，找出问题，再带着问题寻找答案，并带着答案创作下一部作品。

我用一些学员的共性问题来举例。

比如，故事情节写着写着就写不下去了，开始"卡文"，这个问题的根源在于一开始没有完成对故事情节的设置。针对这个问题，解决方法是在写下一部作品时，要提前写好作品大纲。有了大纲，就可以在故事情节范围里"头脑风暴"出合理又精彩的情节了。除此之外，还有一个很好的方法：提前设定小说结局，倒推情节，把得到这个结果可能发生的事情全部写下来。

还有人在写书的时候，写到一半就没内容可写了。针对这个问题，也有解决方法：提前写目录，并且把每一个章节的大概内容提前写出来，根据目录准备素材。如果没有这样的能力，那就去拆解别人的目录，并进行刻意练习，如尝试写出 10 本书的目录，写的越多越熟练。

这些都是刻意练习的方法，只要找到问题就有解决之法。

针对写作需求补充阅读

除了技巧上的问题，在写作的过程中还存在另一种问题，就是对主人公所在行业的专业知识完全不了解，这时，ChatGPT 就派上了用场。

例如，你要写一个宇航员实现梦想的故事，但是对宇航员的生活一无所知，你可以让 ChatGPT 帮你整理资料。

提问： 请告诉我宇航员需要哪些知识、哪些技能，日常需要做哪些训练，以及宇航员的日常生活等。

ChatGPT 宇航员需要的知识、技能、训练和日常生活如下。

知识：

宇航员需要具备广泛的科学知识，包括物理学、化学、生物学、天文学等领域的基础知识，以便理解宇宙、太空探索的原理和宇宙飞行器的工作原理；

宇航员需要了解太空环境对人体的影响，包括重力变化、辐射、微重力、失重等因素，以便适应和应对太空飞行中可能需要面对的身体和心理挑战；

宇航员需要学习飞行器操作和维护的相关知识，包括导航、系统控制、航天器设备和仪器的使用等。

技能：

宇航员需要具备出色的沟通能力和团队合作能力，因为他们经常需要与来自不同国家、有不同背景的宇航员一起工作，并需要与地面控制团队进行有效的沟通；

宇航员需要具备决策能力和问题解决能力，因为执行太空任务的过程中可能会面临各种紧急情况和挑战，需要快速做出正确的决策并解决问题；

宇航员需要具备优秀的体力和耐力，因为完成太空任务，可能需要进行太空行走、体力活动，并长时间适应微重力环境；

宇航员还需要具备飞行器操作和维修的技能，包括对太空舱和仪器设备的操作、修理和维护。

训练：

宇航员需要接受基础训练，包括飞行器操作、生存技能和紧急情况处理等方面的培训；

宇航员需要接受物理训练，包括重力适应和体能锻炼，以准备应对太空环境对身体的挑战；

宇航员需要进行模拟训练，包括在地面模拟器中进行太空任务的模拟，以熟悉任务流程、操作飞行器、应对突发情况；

宇航员还需要进行团队合作和沟通训练，以增强协作能力，进行有效的团队合作。

日常生活：

宇航员的日常生活通常是高度规律且有组织的，包括按时进行食物摄入、睡眠和锻炼，以保持身体健康；

宇航员需要适应太空环境中的微重力条件，进行特殊的锻炼，以避免肌肉和骨骼退化；

宇航员在太空中需要完成科学实验、飞行器维护等任务，需要遵守任务计划和时间表；

宇航员需要在太空环境中处理垃圾、保持个人卫生和进行环境清洁，以维持太空舱的卫生状态。

把这些知识整理出来，即可用在小说中。

以前我们整理资料大多需要很长时间，AI 的出现，帮助我们大大节省了时间成本，让我们能够更好地创作。

以上刻意练习的方法，都可以用在写作之中。有效写作才能提升写作水平，而刻意练习是最好的有效写作的方式。

03 ｜ 四个方法，助你提升写作速度

"怎样提升写作速度？"这是学员反复问我的一个问题，也是众多写作者需要面对的写作难题之一。

大多数写作者并不是全职作者，而是一边上班或上学，一边写作。如果写稿速度太慢，那么很难兼顾写作和工作学习。为了更好地、长久地持续写作，提升写作速度对于很多写作者来说是非常重要的。

完成一篇 2000 字的作品正常速度应该是 40 分钟左右，如果作者能够拥有这种写作速度，那么他想要持续写作会很容易。

想要成为作家、网络小说作者，或者新媒体文章写作者，无论是实现写作变现还是出版梦，都对写作速度有一定的要求。一般的网络小说平台，要求日更 4000—10000 字，想要在网文世界获得一席之地，写作速度一定要快。

在新媒体平台上，有人一天发 10 条短文、一篇长文，还有人数量和

频率更高。只有如此,才能有更高的点击量和广告收益。

写书也是同理,同一个选题,出版社要求两个月交稿子,大多数作者无法在两个月内完成一本书,就会失去出版机会。

所以,提升写作速度对于作者来说是非常有必要的。

那么,写稿慢的原因有哪些呢?如何解决这些问题呢?

写稿时无法专注

电子产品对于人的影响巨大,很多人习惯工作一会儿,看一会儿手机。在写稿的时候,也容易出现这种情况,写一段,看一会儿手机。本来有一个小时的写稿时间,结果看手机用了 45 分钟,稿子只写了一段,甚至只写了一行。

几个小时过去了,一篇稿子,写写停停,最后甚至忘记了想要写什么。日更写作任务没有完成,于是感到焦虑、迷茫。

这是很多作者的现状。写稿慢的原因并不是不会写、写不好,而是专注力不够。

好的稿子往往是一气呵成的。在写稿的时候,一定要注意减少外界干扰。

当你开始写稿时,可以尝试把手机关机,放在另一个房间,电脑不要登录微信、不要打开网页,只做一件事——写稿子。写不出来的时候,就读前面写好的情节,直到写完当天的任务字数为止。

做到这一点,你会发现你写稿的速度至少提升一倍。

写稿时间不集中,碎片化

拖慢写作速度的另一个问题是时间碎片化。刚写了一段,要去做别的事,做完别的事再想写,发现接不上前面的剧情了,只能从头思考。如此反复,时间全部被浪费了。

建议找一个相对固定的整块时间写稿子，比如，假设午休时间有两个小时，你可以用一小时去写今天的稿子，或者利用睡前的一个小时、早起的一小时进行写作。

写稿的时候，可以跟家人打个招呼，告知他们你正在工作，尽量不要打扰。我写稿的时候，会提前告知家人：我等下要去写稿子，大概需要两个小时，这个时间段内尽量不要找我，也不要来我的房间。这会大大提升我的写作速度。此外，还可以尝试给自己寻找一个相对封闭的空间，隔绝外界的干扰，提高自己的专注力。

若是没有整块的时间，怎么办？如何保证每天坚持写作？

对此，我也可以分享一个方法。我以前开服装店的时候，每天有客人来了，我就卖货；客人走了，我就用手机写故事。刚开始的时候很艰难，后来练习了半年，形成了习惯，每天可以一边做生意，一边写故事，而且越写越快，越写越好。

如果你真的喜欢写作，但没有整块时间，可以尝试使用手机进行写作的方法，能充分利用碎片化时间写作。

我有个学员叫来慧，48 岁，有一个生活无法自理的婆婆，还有一个上幼儿园的女儿，她不仅要照顾老的、照顾小的，还要上班。

她每天写作全靠通勤的碎片化时间，别人在地铁上玩手机，她写稿子，每天坚持更新 2500 字，一年写几十万字。后来，好几部作品签约了阅文平台，现在是阅文平台的签约作者。

她在社群里做过分享，说练习越久，写作速度越快，需要的碎片化时间越少，写作变得越轻松。

不知道写什么，构思时间过长

本来写作时间就少，好不容易有了空闲时间，找选题、找素材、构思情节，这些事做完，一个小时已经过去了，再加上写、修改，没有三小时几乎是不可能完成的。

这也是常见的问题之一，而前面章节中介绍的建立素材库、选题库，也是为我们提高写作速度做的准备。

前一天确定第二天要写的选题，利用空闲时间，比如上班途中、做饭的时候，进行构思，并用便签记录下关键内容。

这样一来，坐下来后，只要按照梳理好的写作思路撰写就可以了。

怎样提高打字速度？

除了以上难点，还有一个常见难点是，有些作者刚开始写作时打字速度很慢，如何解决呢？

可以尝试语音输入，这个功能现在非常常用。一篇 1000 字的文章，只需要 10 分钟就可以完成。一开始，可能会不习惯，长期进行刻意练习，熟能生巧，掌握语音写作技巧后，就可以大大提高写作速度。

还有一种提高打字速度的方法，叫作"极限挑战"。我曾尝试日更 10000 字、20000 字，当我坚持挑战一段时间之后，发现写作速度有了大幅度提升。

我把这个方法介绍给学员，带着他们做马拉松写作挑战。很多学员反馈，如果哪天写作突破极限，如日更 10000 字，第二天写 2000 字就会变得极其容易。

在平时，可以尝试用这个方法提升打字速度，找一个周末或者假期，定一个极限挑战的目标，如日更 10000 字、日更 6000 字。在某一个时间段里持续写，直到完成目标。如此尝试过后，恢复日常更文状态，你会发现你的写作速度快得不可思议。

另外一个提升速度的方法是我们常说的坚持每天写，写得久了，自然就写得快了。不管哪个技能，只有坚持大量练习，才可以做到又快又好。

提升写作速度，是为了更好地服务于写作，为了更好地抓住机会。在写作过程中，不能一味地追求字数，要以写出优质作品为目标，当然，写得又快又好，是最理想的状态。

在这里，值得一提的是，很多作者有一个错误的观念：写得快等于写得差，写得慢才会写得好。

其实不尽然。因为熟练，才能写得快，而且，一气呵成的作品往往更吸引读者，因为它的内容是浑然天成的，是一体的，不是拼凑的。

写得慢的原因可能仅仅是不会写，不知道怎样写，对文章结构不了解，不能说慢即是精品。

快和慢是不同作者的不同习惯，不能作为作品好坏的评判标准。

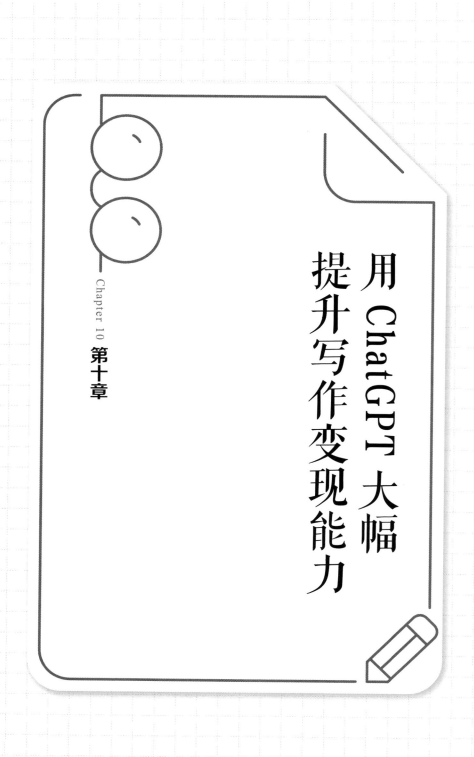

Chapter 10 第十章

用 ChatGPT 大幅
提升写作变现能力

01 如何通过写作打造个人 IP？

并不是每个人写作都是为了成为作家，还有一些写作者的目的是扩大个人影响力，通过写作实现变现。

怎样利用写作打造 IP、实现内容创业、扩大个人影响力呢？

文字创业可以选择的 IP 方向有小说作者、文案师、脚本作者、编剧、博主、写作导师、文案导师、剧本导师等。

确定方向和领域

如果你刚入局，不知道怎么确定 IP 方向，可以尝试这个方法：先考虑自己的专业，再找自己爱好，最后找自己的擅长。这三个方向都可以作为你的 IP 方向。

比如，我专业是文学，爱好是写作，擅长是写小说，我的 IP 方向是小说作者和写作课导师。

确定 IP 方向之后，接着选择深耕平台，并规划成长路径。

我的记忆点是什么？

每天入局的 IP 成千上万，大家为什么要认识你呢？这需要我们挖掘自己的核心竞争力，找到大家关注我们的理由。

去年，IP 圈子流行拍一个视频，叫"你为什么要关注我"，我觉得这个想法和尝试很好，能够帮助我们快速找到自己的核心竞争力。

尝试找 10 个别人关注你的理由，尝试找 3 个标签向别人介绍自己，尝试用专业知识解释你要做的事。完成这些，你就知道未来的路要怎么走了。

我见过太多人想要打造 IP，但是你问他你准备做什么？他说不知道；你问他为什么要打造 IP，他说要挣钱；你问他要从哪里挣钱？他说不知道；你问他最后想要拿到什么结果？他说涨粉；你问他涨粉干什么？他也不知道。

如果你什么都没搞清楚，是不可能成功打造 IP 的。

每个 IP 都有自己的定位，必须知道自己做的每一步想要拿到的结果，以及最终要实现的目标。

打造 IP 没有你想的那么简单，当然，也没有你想的那么难。

定位，领域，目标，结果，只要搞清楚这四个问题就可以了。

比如，我的定位是小说作者和写作课讲师，我的深耕领域是写小说和教写作，我的目标是成为小说作家及带着更多人签约出书，我想要获得的终极结果是持续写作，帮助更多人完成出版梦。

只有你清楚你想要什么结果，你才能根据结果规划你要做的事情。

我的标签是什么？

每个 IP 都有自己的标签，怎样寻找自己的标签呢？如果你是刚入门的"小白"，还没有在自己的领域里做出成绩，你可以先写你的专业 + 你正在做的事 + 一个小成就。

比如：爱写作的律师，坚持日更 100 天。

在你选择的专业领域里不断精进，完成小目标，加上成就事件，即可成为你的标签。例如，如果你是作家，标签可以是签约了哪个平台，出版了哪些书，写了多少字，有多少爆款，变现多少等；如果你是文案作者，标签可以是服务了多少客户，文案变现多少，和哪些平台合作过，合作结果如何等；如果你是平台博主，标签可以是做出了多少个爆款内容，平台涨粉多少，变现多少，与哪些甲方合作过，专业方向是什么等。

我能够给别人提供什么帮助？

IP 的价值不是有多少粉丝，不是能赚多少钱，而是能够影响多少人。别人为什么关注你？因为想以你为榜样，或希望通过关注你解决一些问题，你要能够帮助他们解决问题，要能够给他们提供价值。

你影响的人越多，你的 IP 的影响力越大。

比如我，我可以做什么？可以直播免费分享写作和阅读的方法，可以撰写写作方面的文章，可以写书分享自己的写作技巧和想法，可以针对关注我的人提出的问题坚持公开答疑，可以提供关于写作、阅读、出版及一些生活问题的咨询，帮助更多的人走出困境、树立自信、坚持梦想。

大家为什么要关注我？写作 8 年，我有丰富的写作经验，签约出版 7 本书，我不仅讲写作，自己也写书，有理论，有实践。同时，我坚持带学员，无戒学堂有近 5 万名学员，我有非常丰富的教学经验，能更清楚地了解写作者身上存在的问题，能更精准地解决大家在写作方面的问题。

只有不断地给他人提供价值，才会吸引更多的人关注你。

我们可以从哪些方面入手扩大自己的影响力？

第一，撰写专业文章，吸引读者，让读者知道你是这个方面的专家。

第二，出版专业图书，没有比图书更好的专业背书了。

第三，通过免费分享，以及发表文章、直播、录视频等全面宣传，让更多的人了解你。

第四，打造爆款，不管是视频还是直播，抑或是文章，爆款内容会给你带来很多曝光。

第五，打造冠军事件。别人为何要跟你学？为何要喜欢你？是因为你可以做到别人做不到的事情。

冠军事件非常重要，会让你更有记忆点。

比如，我曾经在简书开课，做过一个覆盖 1300 多人的年度写作课，立刻出圈了，简书首页几乎都是无戒学堂学员的文章；我的新书《余温》《云端》上市之后，都获得了当当中国当代小说榜第一名的好成绩；我日更写作 8 年，可以一个月写完一本书并签约出版，参加第九届当当影响力作家评选后成功入选，和莫言、余华在同一榜单；有 4 本小说签约了英文版权，会在 10 个国家上架……

这些都是冠军事件，只有你成为别人的榜样，才会有人喜欢你、追随你。你要成为大众的力量、大众前行的动力，这样你的 IP 才会有持久的影响力。

所以，想打造 IP，必须不断精进，不断进步，不断挑战不可能。

通过写作打造 IP 并不容易，不仅要写文章，还要写脚本、写文案等。有时候很难兼顾，但如果停止更新，就会"掉粉"，甚至失去影响力。

以前，大 IP 的主理人会选择找助理，或者寻找写手固定地提供稿子，现在，我们只需要训练好 ChatGPT 即可，它可以替代助理帮我们完成很多工作。例如，文章校对、文案撰写、整理资料、脚本撰写等。

你给它案例和要求，待它生成基础内容后，审核、修改、发布就行了。

提问： 请帮我写一个推广小说写作课的文案，1000 字左右，小红书笔记风格。

---

⑤ ChatGPT

标题：小红书读书笔记 | 推荐小说课，点亮创作之路！

嗨，亲爱的小红薯们！今天我要和大家分享一个绝对不能错过的宝藏课程——小说写作课！如果你是一个有写作梦想的人，喜欢用文字创造世界，这个课程绝对会成为你的灵感源泉。

这门小说写作课不仅适合初学者，也为有一定写作经验的作家提供了独特的指导。它汇集了一群经验丰富、富有激情的作家和导师，他们将带领你一起踏上创作之路，探索小说的奇妙世界。

首先，课程将帮助你了解小说写作的基本要素。从情节构建到角色塑造，你将学习如何打造引人入胜的故事，让读者为之着迷。无论是浪漫爱情、惊奇冒险，还是扣人心弦的悬疑，你将学会用文字为故事注入灵魂，让它们真实而生动地跃然纸上。

此外，课程还将引导你掌握独特的写作技巧。你将学习如何运用富有感染力的描述、流畅的叙事和独特的语言风格，让读者沉浸在你的故事中。你将了解如何用细腻的笔触刻画人物的内心世界，让他们变得真实且能让读者共鸣。通过实践训练和反馈指导，你将不断提升自己的写作水平，成为更出色的作家。

更令人兴奋的是，课程还将带你深入了解出版业的秘密。你将获得专业的出版指导，了解出版流程、市场趋势和推广策略。这将是你踏上作家职业道路的关键一步，为你的作品找到合适的出版渠道，让更多人欣赏你的文字。

此外，课程还提供了与其他学员交流的机会，你将结识有着不同背景、不同故事的写作者。这将是一个相互学习、相互启发的平台，在这里，你可以分享你的想法、寻求建议，甚至找到未来的写作伙伴。

小说写作课的魅力不仅在于知识的传授，更在于它能够点燃你内心的激情和创作的欲望。无论你是蛰伏已久的故事创作者，还是正在寻找灵感的文艺青年，这个课程都将成为你翱翔于创作天空的翅膀。

别再犹豫了！现在就加入我们的小说写作课，释放你的创造力，让你的故事在文字中绽放光芒！记得点击下方的链接了解更多详情，开启属于你的创作之旅吧！

链接：[小说写作课程链接]

小红书读书笔记 # 小说写作课 # 点亮创作之路 # 释放创造力 # 故事创作者

　　看到了吗，这是 ChatGPT 生成的稿子，甚至连该参与的话题都标记出来了。此外，你还可以把自己的语言风格发给它，让它参考，写出和你风格相近的句子。

　　每一个做 IP 的朋友，都应该学会使用 ChatGPT，不然，未来很容易被淘汰。

找到要做 IP 的原因

你为什么要做 IP？做 IP 的目的是什么？根据你的终极目标，制订你的成长计划。

比如，你想做读书博主，那么，你做读书博主的终极目标是什么？只有明确目标，你才能知道接下来如何做。如果你的目标是做知识付费，那么你需要做好引流，建立社群，持续产出价值，做好产品；如果你的目标是写书评，发广告，直播带货，那么写出爆款文案，给甲方做出爆款数据，同时做出爆款直播间是你的努力方向。

不同目标，决定了不同的努力方向。我们要根据终极目标，制订短期计划、年度计划、长期计划。

如果一件事情，你从长期的角度来思考，发现它没有可持续发展性，说明这件事情不适合持续做。

给你做的事情找一个不放弃的理由很重要。想要成长为真正的 IP，并不是一朝一夕的事情，最少需要 3 年，甚至更长时间，可能才会有一点影响力，而且可能你前期努力了许久，什么结果也没得到，这也是我们必须面对的现实。

无戒这个 IP，从无人问津到有一定的影响力，用了 8 年。这 8 年大多数时候是用爱发电。

多少人放弃了，多少人出局了，我活了下来，靠的就是一个信念。除了写作，我一无所长，不管有没有结果，这件事都是我一生要做的事情。

正是因为有这个信念做支撑，我才在无数次想要放弃时，重新打起精神，继续努力。

在别人休息的时候，你努力；在别人无法坚持的时候，你咬牙坚持；在别人筋疲力尽的时候，你匍匐前行……只有这样，你才有机会超越他人，成为最后的胜利者。

打造 IP 和写作一样，最后拼的是毅力和信念。

写作的变现方式有哪些?

无论是打造 IP,还是从事新媒体写作,抑或是想要成为作家,如何实现文字变现,是绕不开的话题。文字无法变现,持续写作就会变得举步维艰。

新手作者想要实现写作变现,要做些什么呢?

夯实写作基础

能否靠写作变现,取决于文字的价值。这个价值可以是对读者而言的,也可以是对甲方而言的。你的文字质量必须过关,只有高质量的文字才有价值,才值钱。

很多作者刚入门就着急写作变现,结果发现投稿过不了,签约过不了,文案被拒绝。究其根本是写作基础太差,文字不过关,无法达到平台标准。

写作变现的第一步是夯实写作基础,作品质量要够硬。如果作品没有阅读量,无法传播,屡屡被拒,说明写作基础太差。这时候,需要静下心来提高写作水平。为什么我不提倡写作者以写作变现为写作目标呢?因为那样写作者容易浮躁,无法静心。

记住,无论你想要以何种形式实现写作变现,写出高质量的作品是前提。

作品质量过关,变现是必然的结果。

如果你无法判断自己的写作质量如何,可以把作品发给 ChatGPT,让它帮你点评,这个方法,在前面的章节中演示过了。此外,你还可以把案例文章发给它,让它帮你分析,并且帮你把文章优化成同类风格,更适合平台要求。

这个过程中值得注意的是,过于依赖 ChatGPT 会让你失去创造力,甚至失去写作动力。同时,大批量使用 ChatGPT 生成的稿子缺少灵性,容易让作品失去作家的个性。

要时刻谨记，ChatGPT 是工具，只能起辅助作用。

确定定位，持续深耕

想要实现写作变现，一定要找到适合自己的赛道。在前文我们提到，打造 IP 需要找到定位，持续深耕，而想要实现写作变现，同样需要找到定位，持续深耕。

不同赛道，变现形式不同，我们需要研究清楚规则、了解市场需求，才能写出适合读者、适合平台的作品，才会有变现的机会。

比如，你的赛道是带货，那么你要学习种草文的写作方法，以及找到适合带货的平台，持续精进。

又如，你的赛道是小说，你就需要了解不同平台适合的题材、不同平台的签约标准，以及想要拿到平台的稿费需要什么条件，保底分成是多少，哪个平台的保底分成更高等。

再如，你的赛道是短故事，你需要了解哪些平台适合写短故事，短故事的稿费是多少，稿酬标准是高还是低，容易过稿还是不容易过稿，想要上稿还有什么渠道，多久可以达到平台的要求。

切忌三心二意，频繁换赛道。那些实现写作变现的作者，都是深入研究自己所写领域的专家。

唯有长久地坚持，不断练习，了解所有规则，顺应市场和平台，你才有机会，也更容易实现变现。

写作变现的形式有哪些？

第一，平台分成

平台分成是最容易入门的变现方式，几乎没有门槛，你可以随意书写你想写的文章，只要拥有一定量的粉丝，就有广告收益。

　　这种类型的文章质量要求不高，而且无字数限制，短文、长文、问答皆可。这类文章适合发布在头条号、百家号、网易号、一点号等平台，只要有阅读量，就有收益，如果有爆款，有可能一篇稿子的收益有几百元。我运营过一年头条号，变现 3.6 万元。

　　虽然好入门，但是需要注意的是，也要写出适合平台的稿子，像散文和诗歌，几乎没有阅读量；还有过于文艺、高深、晦涩难懂的稿子，也没有多少人看。

　　不同平台有属于自己的不同受众群体，写作者要善于根据自己的文章类型，找到适合自己的写作平台。

　　现在有很多机构专门为这些平台写稿子，书评、时评、热点、明星八卦、新闻分析，以及家长里短类文章，热度一向较高。这两年，真实故事、人物稿也极度受欢迎。

　　很多作者专门写名人故事，一篇有几百万阅读量，收益几百元，甚至上千元。以前写这样一篇稿子，可能需要两三天时间，大量的时间耗费在资料整理上。现在，我们可以让 ChatGPT 为我们提供人物的生平，以及所需要的资料，迅速整合并完成稿件，大幅度提高写作的速度。

　　第二，投稿

　　平台分成类稿子写作门槛低，但是收入不稳定。在没有爆款的情况下，很难获得理想的收益。

　　想要靠投稿赚取稿费，除了具备一定的写作能力，还有两点写作者必须知道：其一，投稿渠道；其二，怎样上稿。

　　通常来说，现在的投稿渠道可以分为三个大类：传统文学渠道、网络文学网站、新媒体平台。

　　传统文学渠道主要指纯文学报刊，如《山花》《北京文学》，以及各地区报纸的副刊等。这种类型的杂志对写作功底要求很高，通常刊发名家大师的作品；但是报纸的要求较低，收稿范围较广，读书笔记、散文、美文、历史人物稿等，都可以尝试投稿，稿费通常在几十元到几百元不等。

网络文学平台有我们耳熟能详的起点中文网、晋江文学城、知乎等平台。除了知乎，网络文学平台主要接受长篇小说投稿，短则 30 万字，长则几百万字。稿酬结算方式有两种：一种是平台分成＋全勤，另一种是按照千字计算的保底或者买断。一般来说，保底或者买断的收益比较稳定，具体金额可以看各大网络平台官网发布的征稿启事。

新媒体平台主要是指公众号、头条号、百家号等平台，文章通常只有几千字，主要收稿类型为真实故事、职场励志、女性成长、新闻解读、热点八卦、读书笔记、影视剧解说等，包罗万象。不同平台、不同粉丝量的账号，收益并不一致。粉丝量较少的"小号"，上稿容易，但稿费很低，一篇只有几十元；粉丝量大的"大号"，如"洞见""全民故事计划"等，上稿困难，但是稿酬很高，一篇就有几千元的收入。

那么，怎么能快速上稿呢？

首先，选择自己喜欢的、擅长的写作领域。如果擅长写长篇小说，就不要花费大力气尝试给新媒体平台投稿；如果对热点新闻有非常好的把控力，网感特别好，就不要束缚自己的天赋，非要在传统文学领域消磨自己。选择自己喜欢的，写起来才不会痛苦；选择自己擅长的，才更容易出成绩。

其次，分析领域内的热门作品，拆解样文。如果目标是传统文学平台与新媒体平台等，可以选择已经刊发的稿件进行拆解；如果目标是网络文学平台，则去"扫榜"，即仔细阅读目标平台"新书榜""总排行榜"等榜单上的小说，研究其他人的作品是怎么开头、怎么引入、怎么安排结构、怎么收尾的。

再次，根据拆解的样文进行模仿。如果是刚入门的新人作者，可以提取样文的结构，直接填充自己的内容，这一步的目的是了解别人的行文脉络；如果是对市场比较熟悉的作者，可以借鉴别人的思路，搭建属于自己的框架，融入自己的内容；如果再进一步，非常成熟的作者可以尝试创新。一般来说，拆解 5 ～ 10 篇样文之后，就可以摸清其中的基本规律，进行独立创作了。

拆解样文结构的重要一点是提取大纲，而提取大纲是 ChatGPT 很擅长的一项工作。这里以《骆驼祥子》里祥子的车被抢走的情节为例，让 ChatGPT 提炼一下大纲。注意，提炼大纲的时候，需要将原文发送给 ChatGPT，本书中不再复制原文，大家可以自行查阅相关章节，对比 ChatGPT 提炼大纲的效果。

> **提问：**请提取如下小说的主要故事情节，生成大纲，要求条理清晰、逻辑通顺。
>
> （小说原文略）

⊕ ChatGPT 小说大纲如下。

第一章 故事开始

主人公祥子来到西城，注意到街上没有人去西苑或清华这样的地方。

他听说西直门外正在抓车，想喝碗茶就往南放车。

他遇到一个光头的矮子，矮子希望有人陪他去清华。

祥子被矮子称为"大个子"，他很高兴，决定陪同前往。

两人上车后，发现城洞里几乎没有人，这不是好兆头，但他们仍然决定继续前进。

第二章 被抓捕

祥子和光头的矮子被一群兵抓捕。

尽管祥子预感到危险，但他不想表现出怯懦，于是他跟着兵去了。

第三章 失去一切

祥子的衣物和车也都被兵抢走，对此他感到特别愤怒和伤心。

祥子意识到他的一切辛苦都白费了，他不禁流泪。

他开始质疑这个世界为什么会如此不公。

第四章 逃亡

祥子意识到逃命才是当务之急。

他不知道自己身处何地，因为这些日子他只顾着跟随兵们奔跑。

身体疲惫不堪的他只能想着逃离，甚至认为闭上眼睛再也不醒来也不是坏事。

可以看出，虽然 ChatGPT 给出的大纲琐碎，但是能够很好地概括原文中的大量细节。它提取出的大纲，可以作为我们拆文的框架，修订之后，参考这个框架来写自己的内容。

最后，选定三个不同量级的目标平台，从高到低，逐一投稿。这个方法前文介绍过。选择目标平台很像高考报志愿，大多数人的第一志愿会定得比自己的分数稍微高出一点点，但这个高是有限制的，不是说自己只能考 400 分左右，第一志愿就要冲北京大学。在投稿时也要把握好这个度，选择比自己的写作水平稍微高一点的平台，这样即便文章有缺点，但是如果闪光点能打动编辑，对方也会给你指导，帮你上稿。而第二目标平台最好与自己的水平持平，自己有把握，只要认真写作、修改，就可以上稿。第三目标平台比自己的水平稍微低一些，主要是做备用，毕竟不可能有人保证自己的每一篇文章都是满意的，第三目标平台，主要投递自己用来练笔的稿子。

第三，专栏签约

如果你有某一领域的专业知识，可以尝试写成专栏。专栏变现的好处是持续性强，只要你写完专栏，它可以持续为你带来"睡后收入"。

而且，专栏可以用多种形式变现，既可以单篇售卖，也可以打包出售，后续专栏成为爆款了，还可以出版成书，帮助作者实现多重收入。

我以前在头条号做了一个写作专栏，定价 399 元，卖了 300 多份。后来，我把这个专栏整理成书，出版了《零基础新媒体写作指南》。

可能有一些作者虽然有专业知识，但是不知道如何写专栏。现在有一个便捷的方法，就是使用 AI，搭建专栏目录。

根据你的专业方向及选题，让 ChatGPT 给你提供一篇稿子的目录。你根据这个目录，写出符合主题的章节即可。

> **提问**：你现在是一位职场达人，对职场有非常深入的研究，请你生成一个知乎专栏的目录，介绍新人进入职场的注意事项，包含 5 个章节的内容。

⑤ ChatGPT

知乎专栏：新人进入职场的注意事项

第一章 职场入门指南

　1.1 职场文化与价值观：了解并适应公司文化和价值观的重要性，以及如何融入团队。

　1.2 职业形象与个人品牌：打造专业形象和个人品牌，包括仪表、言行举止和社交媒体的管理。

　1.3 职业规划与目标设定：确定初期职业目标及相应的实现计划，了解如何在职场中提升自己。

第二章 职场人际关系与沟通技巧

　2.1 建立良好的人际关系：如何与同事、上司建立积极的工作关系，促进团队合作。

　2.2 掌握有效的沟通技巧：掌握有效沟通的要点，包括言语和书面沟通技巧。

　2.3 处理冲突与解决困难：掌握应对职场冲突和困难的方法，包括解决问题、妥善处理批评和制定有效的解决方案。

第三章 职场技能与自我提升

　3.1 学习与适应能力：了解持续学习和适应变化的重要性，包括提升技能和掌握新技术。

　3.2 时间管理与工作效率：掌握有效管理时间、设置优先级和提高工作效率的方法。

　3.3 领导与团队合作：培养领导力，学会与团队合作，承担责任并发挥个人潜力。

第四章 职业发展与晋升

　4.1 职业规划与目标设定：制定长期的职业目标，制订相应的实现计划和行动步骤。

　4.2 提升自我价值：发展和展示个人技能，积极参与项目和跨部门合作，提升自己的职业价值。

4.3 寻找晋升机会：了解晋升机制，主动争取晋升机会，提高竞争力。

第五章 职场心态与工作生活平衡
　5.1 建立积极心态：保持积极的心态，正确处理挫折和困难，合理纾解工作中的压力。
　5.2 工作生活平衡：平衡工作与个人生活，明确工作与生活的边界。
　5.3 自我关怀与发展：关注自己的身心健康，培养兴趣爱好。

　　这个方法同样可以用在写书的过程中，辅助我们快速搞定新书的目录和大纲。有关这一点，后面章节我们会详细来讲。

　　学会使用工具，对未来的写作者来说，能够起到事半功倍的效果。

　　第四，文案变现

　　文案写作，是新媒体时代最容易变现的行业之一，写一篇文案，报价几十元到几万元不等。

　　AI 兴起之后，文案变现变得更加容易。我们可以直接使用 ChatGPT 生成文案。既然 ChatGPT 可以直接生成文案，那么文案写作者是不是会消失？当然不是，虽然 ChatGPT 写出的文案可以给我们提供思路，但是想要写出真正打动人的文案，还需要专业的文案写作者优化和润色。给文案加入感情和情绪，是 ChatGPT 无法完成的。未来，单纯地写出机械式文案的写作者一定会被代替，但是高级文案写作者永远不会被替代，甚至可能会更加值钱。

　　如果你具有高级文案的写作能力，再加上 ChatGPT 的辅助，那么写作变现会变得更容易。

　　文案变现的形式有文案带货，即通过传播文案卖产品，赚取产品销售的分成；还有给甲方提供文案，赚写文案本身的费用；以及给某些平台写产品介绍、种草文，赚帮助品牌扩大影响力的酬劳等。

　　此外，这两年特别火的帮助 IP 写个人品牌故事、个人成长故事、个人成长脚本等，其本质都是文案变现。

　　想要实现文案变现，需要找到自己的核心竞争力，即你最擅长的方向，以及你的成功案例等。

第五，版税收益

还有一些作者，依靠出版作品、挣图书版税养活自己，我的变现方式之一就是版税。

一本书出版，我们不仅可以拿实体书的版税，还有电子书和音频、影视版权的版税，如果版权全部卖出，会有一笔不小的收入。

除了这些，还有售出海外版权的收益。就像我的小说，不仅有简体中文版出版收入，还有英文版权、电子书版权，一本书就有三份收入。

如果书成了爆款，版税收入会随影响力的提高而提高。作品获奖的话，也会有不菲的奖金。

第六，知识付费

除了以上文字变现形式，我们还可以做知识付费，就是把文字和专业知识做成课程售卖。

这些年，知识付费迅速崛起，为大家提供了不少便利。你想学任何知识，几乎都可以找到相关课程、导师。

无戒学堂的写作课已持续运营了 7 年，带着很多同学从 0 到 1 开启了写作之路，这个写作课收入也是写作变现的形式之一。

知识付费变现的逻辑和专栏变现的逻辑相同，只是多了服务和陪伴。

如果在课程设计的过程中遇到难题，你也可以召唤小助理 ChatGPT，为你出谋划策，提供思路。比如，让它帮你设计课程大纲，列举课程优势和卖点。不过，成功变现的前提是你擅长这些内容，能讲，会讲。ChatGPT 只能给你提供思路，不能替你讲课，你还需要打磨自己的讲课能力，夯实基础知识。

任何领域，想要变现，都需要深耕，专业实力要过硬。如果你还没有实现写作变现，那么就找一个你喜欢的领域，先坚持 3 年看看。

价格是价值的体现，人们愿意为你的文字付费，其本质是你的文字有价值。只要写出高质量的文字，你也可以用写作实现月入过万。

03 | 成为内容创业者，需要做哪些准备？

内容创业是这两年快速兴起的一个风口，利用写作打造 IP，不仅可以扩大影响力，把作品推出去，还有很多作者有意愿做内容创业者，开办自己的文化传媒公司，将自己的爱好变成事业，更长久地坚持做自己喜欢做的事情。那么，想要做内容创业者，需要具备哪些条件呢？在开始做之前，需要做哪些准备呢？

确定自己的主营业务是什么

创业是为了创收，创业之前，需要先确定自己的项目有哪些营收渠道、公司的主营业务有哪些。

1. 有自己的产品

通过内容积累的人气、粉丝，最终要达到转化的目的。在创业之前，我们需要清楚自己的产品是什么。产品一般分为实体产品和虚拟产品，实体产品如书、衣服、化妆品、包等；虚拟产品如读书课、写作课、减肥课、瘦身课、理财课等。围绕产品产出内容，扩大影响力，建立社群，制定规则，完成转化。

2. 广告、文案变现

有些公司的业务是提供服务，比如承接文案撰写、推广、发布等工作。如果是这样的定位，需要大量资源，知道在哪里寻找甲方。保证有源源不断的单子，才能保持发展。

3. 代理出版、运营、策划等

帮助作者出书、代运营公众号或平台账号、迁移公众号、申请账号、开通权限等。如果是这样的定位，需要有渠道来维持发展。

4. 运营 MCN，打造矩阵

打造新媒体矩阵，做出成绩；打造头部作者，通过推广，提升其影响力；承接商单，参与平台活动，获得利润。

要明白自己的核心竞争力在哪里

现在，内容创业者非常多，想要持续运营，要明白自己的核心竞争力在哪里，即自己的公司优势在哪里。内容创业的核心竞争力包括产品、内容、服务、影响力，缺一不可。

内容创业者主要以流量为依托，需要有好的内容，因为好的内容有助于持续引流，形成影响力。在做内容创业者之前，我们必须具备某个领域的影响力，如果没有内容优势，公司的发展会很受限制。发展好的内容创业者都是依靠内容赢得口碑、完成转化的。

优秀的内容创业者，无疑在以下方面有很强的竞争力：

专业能力过硬、积累够久、流量池很大、变现途径多而广、有良好的口碑和服务模式、产品够硬、影响力够大、内容够好、有忠实客户、能够不断创新和迭代产品。

以上都是内容创业者的核心竞争力。人的精力有限，以前，创始人想要兼顾各项能力的提升，只能依赖雇用员工。不过现在有了更多的选择。

ChatGPT 兴起，一方面让内容创业者担忧自己的工作会被取代，另一方面也给内容创业者提供了便利。

对于现在的内容创业者来说，公司只需要培养一个内容编辑，内容编辑根据需求，用 ChatGPT 生成稿件，并根据自己平台的风格修改发布即可。

有了好的内容做好引流，我们还需要硬核产品，不管是实体产品还是虚拟产品，质量都要过硬。

对于实体产品，我们要清楚产品的优势。

对于虚拟产品，则需要结合自己的专业，打出差异性，同时切实解决目标用户的问题，了解同行的运营模式，优化和迭代自己的产品。产品质量影响口碑，是决定公司能否持续发展的关键点。

以我的无戒传媒为例，如今已成立 7 年，写作课几乎每年都在迭代、创新、优化、升级。

无戒写作课的课程模式推出之后，经常被同行模仿。如果有人模仿，我们就会迅速升级，继续寻找新的模式，还会根据学员的痛点问题，升级课程大纲，每年的课程都会重新梳理，加入新的内容。

很多老学员对此给出了高度评价。

我们的服务也在不断地优化，从开始的局部点评，到现在全本点评、辅助签约、推荐出版、贴身运营、一对一答疑、社群创意练习，所有内容都在不断地优化。

无论是实体产品还是虚拟产品，都要做好服务，在产品质量相差无几的情况下，几乎所有人都会倾向于选择服务更好的产品。服务是核心竞争力之一，在开发产品的过程中，我们可以使用 ChatGPT 帮助我们做好调研，寻找大众痛点，根据痛点做提升。

要有属于自己的团队

想要在新媒体领域做出成绩，只靠自己的力量很难。很多领域的头部账号背后都有团队，有专业的运营策划来打理账号。想要把新媒体做成事业，建立团队是必不可少的。前文讲过，想要扩大影响力，需要多平台运营。同时兼顾多个平台，一个人做起来相当困难，要想做好更是难上加难。

新媒体团队的人员必须包括如下几个部分。

1. 主笔或者供稿团队。负责专门写稿子，提供稿件。

2. 专业的编辑。负责审稿、排版、配图、发布内容。

3. 运营策划。根据产品策划各种活动，制订引流计划。

4. 市场运营。负责对接资源，以及账号推广、接商单。

5. 社群运营。专门负责社群运营，为社群成员输出有价值的内容，及时答疑、提高社群黏性。

6. 设计师。负责制作海报、各平台发布的图片等。

7. 把控全局的总运营负责人。负责确定发展方向、分配任务，以及组织全网布局、制订可实施的计划等。

8. 具有影响力的 IP。打造公司的品牌形象。

原来，想要做内容创业者，最少需要 10 个人才能完成以上所有工作。而且管理团队是一件非常不容易的事情，招聘难度大，磨合过程艰难。更让人头疼的是，你好不容易培养了一个人，磨合好了，结果人家不干了，你还得重新培养，这是每个内容创业者都会遇到的难题。

AI 有所发展后，很多事情变得容易，一个会使用 AI 的内容编辑，可以承担曾经需要好几个人承担的工作，而且工作效率极高，可以帮助我们节省不少费用。

未来，使用 AI 将成为必备的能力，可以帮助我们节省时间，节省成本，提高工作效率。

内容创业者的内容布局及运营模式

全网布局、全平台运营，能够最大程度地扩大影响力。线上、线下活动相结合，能够提高客户黏性，链接更多资源，获得更多变现渠道。

内容创业者能否活下去，取决于公司能否持续拥有新的流量。引流是内容创业者必须解决的问题，解决不了这个问题，创业失败是迟早的事情。

怎样才能拥有源源不断的流量呢？一定要做好公域运营，去公域挖流量。具体形式可以是在公域平台发布专业方向的文章、录制视频、持续直播，这些动作需要天天做、持续做。

2020 年，我持续直播一年，给微信引流 20000+ 人。

2021 年，我坚持做小红书一年，涨粉 10 万 +。

2022 年，我的微博持续更文 2 年多，涨粉 23 万。

2023 年，我持续更新视频号 + 直播，公众号涨粉 8 万 +。

既要做到日更视频，还要做到日更文章和直播，很明显存在一个问题：时间精力不够。

我之所以能够做好所有事，是因为有一个 9 个人的内容团队。

原来，内容创业者大多对外征稿，确保自己的平台持续有稿子发。

现在，我们可以使用 ChatGPT 协助生成稿件，并由内容编辑修改发布；可以让 ChatGPT 生成脚本，内容编辑修改，IP 核心人物用一天时间录制；可以用 ChatGPT 生成软文，为私域引流；亦可以让 ChatGPT 提供专业方向的直播主题、直播大纲、直播细纲等。

提问：请帮我生成 20 个关于写作的直播主题。

ChatGPT 以下是关于写作的 20 个直播主题建议。

1. 如何养成写作习惯并坚持下去
2. 提高写作效率的技巧和策略
3. 克服写作困难和创作障碍的方法
4. 如何培养独特的写作风格
5. 深入探讨不同类型文章的写作：散文、小说、诗歌等
6. 如何抓住写作灵感
7. 改进文章结构的技巧
8. 提升表达能力和文采的方法
9. 编辑和修订作品的方法和步骤
10. 探索创意写作和想象力的边界
11. 如何处理批评和反馈，优化作品
12. 寻找适合自己的写作工具
13. 写作与情感表达的关系
14. 探索不同文学流派和风格的写作方法
15. 如何进行深入的背景研究和资料收集

16. 深度剖析经典作品的写作技巧和特点的方法
17. 如何在写作中塑造生动的角色
18. 掌握故事叙述的技巧和要素
19. 利用写作来探索个人成长、调整心理状态
20. 写作在自媒体时代的挑战和机遇

　　你还可以让 ChatGPT 提供每一个大纲的细纲，或者更具体的讲解案例。

　　持续发布优质内容，积累粉丝，才能持续发展。

公司能否持续发展的决定性因素

　　想要持续发展，必须确定创作项目，并持续深耕。

　　创业的过程就是"烧钱"的过程，在正式运营公司之前，可以先试运营，积累经验，测试你的产品和渠道能否创收。

　　我在成为内容创业者之前，通过策划付费课程、全网运营、对接渠道等，积累了大量经验，在各项业务能够支撑支出的时候才选择成立公司。如果入不敷出，公司必然无法存活。

储备人才，打造核心竞争力

　　对于公司发展来说，人才与内容同样重要，我们建立团队的目的是创收，我们需要持续寻找擅长运营的人员，以及能够独立策划活动、帮助公司扩展业务的人员。什么是人才？最重要的是有想法、能够提出可行的建议。对于团队来说，能够主动做事、善于创新、有想法的人，比踏实勤劳的人更能发挥作用。

　　虽然 ChatGPT 可能可以替代员工承担一部分工作，但人才仍然是最稀缺的。就像我的合伙人贝总，她擅长策划活动、迭代产品，以及管理团队。这样的人才在任何公司都不可能被替代，因为每一个公司都需要管理者，

需要创新者，需要能够提出建设性意见的谋士。

管理公司需要具备什么能力？

第一，要有明确的目标。要让员工知道需要做什么，向哪个方向努力。如果管理层都不清楚自己的定位，员工就更不知道要做什么。制定明确的目标，分工明确、任务明确、规划明确，公司才能良性发展。

第二，要有属于自己的企业文化。优秀的企业文化能够让员工更具凝聚力。

第三，要有决策力与领导力。在关键项目上有明确的规划，能够把握大方向，同时能够指导下属去执行。对于不确定的事情，有属于自己的判断，让大家知道该做什么，不该做什么。

第四，自己本身要具有一定的影响力。

第五，明确公司业务核心。比如，是打造个人品牌，还是打造公司品牌？品牌的优势是什么？怎样才能更好地发展？未来规划是什么？这些都需要明确。

第六，寻找多维度变现模式。想要持续发展，单一的产品经营模式往往不足以养活一家公司，我们需要从各种渠道获得资源，来帮助公司创收，同时向优秀的人学习，不断改进自己的产品，让产品多样化。比如，我的公司的主要业务是开设付费写作课，到 2023 年，写作课的模式已经迭代 8 次，最初的规划是打造个人品牌，现在的规划是打造公司品牌、培养讲师、让课程多元化、满足学员的各种学习需求。同时，业务从单一的付费课程扩展到代理出版、承接商单、打造新媒体矩阵和代理策划活动、课程，以及运营平台等多元化方向发展，收益来源更广泛，发展速度更快。此外，从线上课程向线下课程转化，策划线下读书会、写作交流会、游学、作文培训等活动，从长期发展角度来讲，可能性更大，创收的项目更多，机会也就更多。

把爱好发展成事业是一件非常了不起的事情，如果你也有这样的意愿，从现在开始积累资本，运营好自己的平台、打造自己的品牌，有想法及时实践，在实践中总结经验，为自己做专职媒体人和开办公司做准备。

用 ChatGPT
辅助实现作家梦

01 | 作者怎样从 0 到 1 写完一本书？

很多作者认为，只要坚持写文章，就可以成为作家。但不少作者坚持了很多年，写了很多作品，仍然没有一本代表作。究其原因，是作品无体系，想到什么写什么，文章质量不够稳定。

这样的写作并非毫无用处，长期练习可以提高叙述能力和对文字的掌控能力等，但是想要写出受欢迎的代表作非常有难度。

我的年度写作课中，曾经有个学员写了三四年，写了近百万字，可是在写作上没有获得多大成就，既没有赚到钱，也没有拥有影响力。我看过她的作品，写作基础已经很不错了，只差一部代表作。

在我的指导下，她开始写第一部小说，作品完结之后，很快签约了平台，之后连续写了 4 部小说，都成功签约，且很受读者好评，不仅获得了影响力，还实现了写作变现。

由此可见，想要获得影响力、成为作家，写出一部代表作至关重要。

我做过一个调查，很多作者之所以没有代表作，是因为不自信，觉得写书是一件遥远的事情，想要完成一本书或者一部小说难度非常大，普通人很难完成。

但事实不是这样的，其实写书、写小说的难度和写文章差不多，只是我们不了解写书和写小说的逻辑而已。

从 0 到 1 写出一本书，你只需要了解以下几个步骤。

确定要写的书的大主题

在写一本书之前，我们需要确定这本书的主题是什么。

比如，我这本书的主题是写作；《掌控习惯》一书主要讲习惯；《深度工作》主要讲怎样更好地工作；《认知觉醒》主要讲认知；《自由职业者生存手册》主要讲自由职业者该如何更好地生存。

在写书之前，我需要首先确定这本书的大主题，然后围绕大主题来写。主题怎么确定？一般来说，不外乎你的专业、你擅长的、你了解的、你研究的。

比如，你擅长时间管理，平时会给大家做时间管理咨询，就可以写关于时间管理的选题；如果你是做心理咨询的，你的选题可以定在心理咨询方面；我的职业是小说作者，选题可以是剖析人性的小说；我的另一个职业是写作课导师，那么我的选题还可以是写作方面的技巧。

写书的第一步，就是确定选题。

🖋 针对选题，找到受众，列出目录

选题确定之后，要确定受众群体，即你要知道你的书是写给谁的，根据受众群体，确定书的具体内容。

比如，关于写作的书，你的受众是小孩还是成人？写职场的书，你的受众是职场"小白"，是白领，是高层管理人员，还是公司创始人？

不同受众群体，书所需要的素材不同。有些作者对此完全不知，会把自己掌握的所有知识不予取舍地写进书里，这样的书很难受欢迎。

确定受众群体之后，撰写与主题相关的章节主题。可以是目录，可以是读者痛点，也可以是调研得到的共性问题等。

有一些作者第一次写书，完全没有思路，怎么办？不要着急，可以尝试用 ChatGPT 辅助生成目录。

这个方法现在已经有很多作者开始使用了，这会大大提高写书的速度，能帮助我们更好地完成一本书。

ChatGPT 写出的目录有一定的局限性，因为它无法很好地掌控写作者擅长的点，写作者可以根据自己的需求，把 ChatGPT 生成的目录和自己的专业相结合，进行优化。

🖋 整理素材和案例

　　确定目录之后，根据目录整理素材，列出提纲。这是我最常用的写作方法，我写书时习惯先写好目录，再根据目录列出章节标题，以及观点和思路。

　　这些准备工作的意义在于，把所有内容都准备妥当了，开始动笔写时，只需要写就可以，不会再因为其他工作导致停笔。

　　写书尽量一气呵成，不要停，否则思路容易断。停下后想要再次开始，会变得很艰难，因为原来一些思路一旦忘了，就很难接上。

　　在整理书的细纲时，如果遇到写不出来的主题，同样可以使用 ChatGPT 辅助生成参考内容，把目录标题发给它，它会迅速给你提供思路，你甚至可以要求它给出几条建议。

　　假设我们要写一个克服拖延症的选题，需要 ChatGPT 帮我们分析拖延症的本质。

> **提问：** 为什么会出现拖延症？帮我分析出 5 条原因。

⑥ ChatGPT　出现拖延症可能与以下 5 条原因有关。

1. 惰性倾向：拖延症的本质是一种倾向，即对于任务的开始或完成有惰性倾向。拖延者往往感到困难、压力或不适，因而倾向于推迟或避免开始工作。

2. 情绪管理困难：拖延症与情绪管理密切相关。拖延者可能对任务有抵触情绪，如焦虑、压力、恐惧或不确定感，难以克服情绪障碍，从而推迟行动。

3. 自我调节能力不足：拖延症涉及自我调节和自我控制。拖延者往往缺乏有效的自我调节能力，无法在面对诱惑或外部干扰时抵制拖延冲动，难以很好地管理时间和任务。

4. 时间感知偏差：拖延者通常存在时间感知偏差，即对任务完成所需要的时间估计不准确。他们往往过高估计完成任务所需要的时间，导致拖延行为。

5. 自我激励问题：拖延症与自我激励之间存在关联。拖延者可能缺乏内在动力和自我激励机制，无法有效激发自己的积极性，难以推动任务的开始和完成。

优秀作者的核心竞争力是什么？是经验，是研究，是独特观点，以及分析能力和知识积累。

同一个思路，不同人写出来的深度不同，所以未来作家拼的是知识积累、创新和经验。

🖋 开始写正文

开始动笔写正文时，要注意放低期望值，以完结为目标，遇到问题，解决问题，不要一遇到问题就放弃。

我调查发现，很多新人作者无法完成第一部作品的重要原因是他们觉得自己的作品太差，达不到预期，于是反复修改，直至崩溃。

在我做写作课讲师的这些年，还发现了另一个问题——即使大家了解写作方法、写作技巧、写作逻辑，仍然有很多人无法完成自己的第一部作品。

根据大家反馈的困境，我整理了 3 条写作法则，帮助大家更好地完成第一部作品。

法则 1：树立写作自信。

缺乏写作自信是最常见的问题之一。如果你不相信你可以做成一件事，多半就会真的做不成。

只有自己相信自己能完成，在写作中遇到困难时，才能逢山开路、遇水搭桥。

当你不相信某件事能够成功时，就会找诸多的借口，来安慰自己说：你看，这么多外因，失败是必然的。

当你相信自己时，你就会为了做成一件事，不断地找方法，而不是找借口。

据我观察，那些对写作有十足自信的学员，都能很快在写作领域写出成绩，而且能够持续坚持下去。而那些不自信的学员，很快就会被各种各样的困境打倒，进而放弃。

他们之间的区别就是，自信的作者会觉得我一定能写出好的作品，成为作家只是时间问题；不自信的作者永远在自我怀疑、自我否定、迷茫徘徊。

写作者一定要树立写作自信，相信自己可以成为作家，相信自己可以完成一部作品，否则任何一件芝麻大的事情，都能成为你打退堂鼓的理由。

法则 2：放弃完美主义。

狂写 68 个开头的"开头王"，你们见过吗？这是报名无戒学堂年度课程的学员的真实经历。

他对我说："老师，我经常在写完一部小说的开头之后，写着写着，停更几天，就写不下去了，成了烂尾作品。"

这个现象在新手中很普遍，一旦在更文过程中偷懒停笔，不用多，两天时间，再继续就难了。

一部小说开了头，就要坚持写完，中途出现自我怀疑、感觉写得不好，没关系，这个阶段的核心任务是咬牙坚持。写过"自我怀疑"时期，越过了这个常见的心理障碍之后，就很少再出现"卡文"的情况了。

法则 3：不要回头看。

"开弓没有回头箭"，写作也一样，不能走回头路。即便是写到第十章时，发现第八章有问题，也要继续往下写，此时万万不可回头去改。

遇到这种情况，我们可以先拿个本子把发现的问题记录下来，等写完全文后，再一一修改。

不然，你可能永远停留在修改的循环中，比如，你需要修改第八章，修改时发现与前面第二章有对应关系的地方也得改，第二章改好后，第五章中与第二章有联系的地方也得跟着改……

这样改来改去，非常容易改乱套，昏天黑地地改好之后，可能已经用了 10 多天时间，思路全部被打乱了，接下来要怎么写，完全忘记了，只能不了了之，一部作品就这样烂尾了。

写书的时候，一定要记得，不要改，写完了统一改。

只有写完了第一本书，才会有后面无数本书。写完第一部作品对于作者来说意义重大。

✍ 写完作品之后修改，公开发布

写完第一部作品之后，大多数作者会拥有更强的写作能力，因为他完成了一个有难度的挑战。

但也有一些作者，写完之后会感觉沮丧，觉得自己写得过于艰难，作品太差，对写作失去信心。

不管你属于哪种心理，都要记住：初稿很差很正常，修改优化即可。

切记，不要把你写的作品藏起来，当然，你确实觉得它差到不能看，那么不发表也可以，但一定要总结复盘，开始写下一本书。

稿子写完之后，要么去找出版平台，要么去投网络小说平台，要么去发专栏，一定要让你的作品被更多人看到，才能获得更多的机会。

以上方法，同样可以用在写散文集、故事集、小说中。

不论是哪种体裁，都要记住写成成体系的内容，而不是分散的单篇文章。你可以选择写 100 篇散文、100 篇故事、100 篇游记……这样你就可以从中找出 30 篇极好的稿子，组成一本书出版；而不要写 10 篇故事，10 篇短篇小说，10 篇观点文，10 篇人物稿……

定选题、找定位、列大纲、写目录、捋情节、写开头……写作最难的就是开始写第一章节的内容，并且持续不断地写下去，直到完稿。

02 | 新人作者出版的几种形式和渠道

出版图书是每一个写作者的目标，几乎每一个找我做写作咨询的作者都问过我：如何出版一本书？去哪里投稿？怎样对接出版社？什么样的作品才符合出版标准？普通作者想要出版一本书，需要做些什么？

新人想要出版一本书，最关键的是什么？

其实就是先写出一部作品来，没有作品，一切都是空谈。想要出版，就写作品，写足够多的作品。如果写一本书，有 1% 的出版机会，写 10 本书，就有 10% 的出版机会。写的书越多，出版的概率就越大。

不光要写作品，还要让你的作品被人看见。出版社也希望可以挖掘更多的好作品，每个平台上都"潜伏"着很多出版社编辑，只要你的作品出众，就会被发现。

新人作者去出版社邮箱投稿获得出版机会的概率很小，建议先公开发布，让更多的读者或者编辑看到你的能力或潜力。

我曾经看到一本书出版的故事：一位叫田鼠大婶的博主，在微博每天更新自己在村子里的生活故事。她的文字极具烟火气息，很有场景感，真实地记录了农民的生活。连更了很久，终于，她的文字被编辑发现，出版了她的第一本书《田鼠大婶的日记》，火遍全网。

我的几次出版，都是出版社编辑在平台上看到我的作品，找到我的联系方式，给予出版机会的。

这就是我一直强调公开写作的原因。现在新人想要出版一本书，难度增加了许多，但是并不是说完全没有机会。

不同领域的作者，作品获得出版机会的方法不同。

小说作者出版的方法有哪些？

小说领域的图书出版，难度相对来说比较大。如果作者是素人，很少有读者买单。所以小说想要出版，要么作者有名气，要么作品有名气。

我们可以尝试去小说平台写作，如果数据好，平台会大力推广，积极对接出版和影视化，这是目前来看对素人作者最友好的出版捷径。

签约平台还有一个好处，就是如果书上架之后，数据极好，我们去找出版社的时候，可以把这个数据拿给出版社编辑看，说明你的作品是经过市场检验的，作品质量过关。

在有固定的读者，或者书本身有一定影响力的情况下，出版社编辑可能会优先考虑签约出版。

除了签约平台，还可以卖出书的音频版权录制成音频书，音频书订阅量高，也会得到出版社的青睐，获得出版和影视化的机会。

最后一个方法，就是出版电子书，以网络为载体，可以上架多个平台进行传播。

电子书出版的好处是可以帮助我们找到适合自己深耕的平台，而且覆盖面积广，有一定的收入。

电子书在订阅量极好的情况下，也可能会获得出版实体书的机会。

我们每年帮助上百名同学出版电子书作品，电子书出版也是正规出版形式之一，相当于作者拥有了自己的代表作。

想要完成出书梦，一定要记住，持续地写，不要间断。

或许有人告诉你，出版一本书不容易，成为作家不容易，但正是因为不容易，我们才要坚持，我们的写作才有价值。

我写了 11 部作品，才出版了人生的第一本书，之后 3 年签约出版了 7 本书。你一定要相信，只要你的书足够好，只要你相信你可以成为作家，只要你愿意持续写作，机会总会有，或早或晚而已。

文集作品出版的方法和渠道

如果你想出版一本散文集或者故事集，可以先去适合发布散文或发布故事的平台写作。

我曾经有一个学员，喜欢写散文，于是她坚持给散文类优质公众号投稿，后来成功签约了一个公众号，哪怕没有稿费，她也甘之如饴。

就是在这种强曝光的情况下，有出版社编辑邀请她出版图书，于是她成功出版了两本散文集。

另外一个案例，是我前面多次提到的《认知觉醒》的作者。他最开始是在公众号上发布文章，因作品质量过硬、传播范围广，后被出版社编辑邀请出书，成了畅销书作家。

还有一些作者出书，是因为作者本身的影响力大于作品影响力。一些创业者、明星、网红，因为巨大的流量，很容易成为某领域言论的引领者，出版社会愿意给他们出书，如网红旅游博主房琪，她凭借出色的文案，获得出版社青睐，有了出版图书的机会。

想要出书，要么有影响力，要么专业能力过硬，要么作品质量过硬。

出版的其他几种形式

被出版社邀请出版图书，是最常规的一种出版方式，出版社负责所有费用，同时还会给作者版税，并负责帮作者销售和推广。这是很多作者最希望获得的出版形式。除了出版社邀请出版，还有哪些出版形式呢？

1. 买断出版

买断出版也是常见的形式之一。买断出版是指作者写稿，出版方一次性支付稿费，后续这本书无论卖多还是卖少，都和作者没有关系。

这种出版一般是定制选题出版，就是出版社编辑有一个好的选题，他们预判这本书可能会成为爆款，于是寻找可以写的作者。

对于新人作者来说，买断出版也是一个机会，如果作品成了爆款，会带来巨大的影响力，是快速扩大影响力的一个方法。

2. 回购出版

还有一种出版形式叫回购出版，就是出版社免费帮作者出版，作者需要按照一定折扣回购一定数量的书。

这种出版常被需要书作为背书的专业领域的专家、需要书为自己的产品引流的知识 IP 使用。在有影响力的情况下，回购出版也是可以选择的。先出版，再用书打出影响力，如果书销量不错，会吸引更多出版社和你合作。

无论哪一种出版，如果你的作品足够好，都可以选择，因为任何出版形式都有可能是你的跳板。

当然，还有一种出版形式最为便捷，现在，很多写作课讲师都和出版社有合作，他们可以直接推荐作品给出版社，这是最直接、最快速出版一本书的方法。

当然，并不是说你报了写作课就一定能出版作品，最终能否出版，还是要靠作品质量。

不过，加入写作课，能够让你少走弯路，比别人更快地获得出版机会。

还有一些作者有一个错误的认知，就是刚入门的作者不需要了解如何出版，毕竟用不上。其实不是这样，早了解有关出版的基本知识，能少走许多弯路，比其他作者多一些出版的机会。

我曾经有很多次出书的机会，但因为不了解怎样写书，以及出书的标准，与出版机会失之交臂。直到多年之后，才明白，不是作品质量不过关，只是我当时不知道怎样去写一本书，没有写书思维。

写作不仅要有作家思维，也要有写书思维，像作家一样写书、像作家一样生活、像作家一样要求自己、像作家一样坚持，总有一天一定可以完成出书梦。

03 | 出版和营销的方法和技巧

想要出版一本书，首先要具备"写书思维"，这是最基本的出书常识，但并不是每个人都知道。

什么是写书思维？同样是写作，有人一年内写了 100 万字的文章，但不成体系：有人一年内写了 60 万字，这 60 万字是 6 本书。后者的出版机会肯定比前者的出版机会更大。

同样的出版机会，同样的选题，有写书思维的作者只需要看哪些作品适合这个选题，报上去即可。没有写书思维的作者，则在已有作品中苦苦寻找可以出书的，结果发现哪种类型的内容都不够出版一本书，只能错失机会。

现在，我的作品全部是成系列的，有出版社编辑约稿，我就给他一本，于是我一年出版了好几本书。

这就是写书思维的厉害之处，能够帮你抓住每一个机会。

那么，出版一本书，需要准备哪些内容呢？作品简介、主题概括、特点分析、受众群体分析、市场分析、作品营销方法、作者简介、图书目录、图书大纲、2 万字以上的正文。

一般来说，要申请出版一本书，必须做好这些功课。这些内容直接决定着你的选题能不能通过出版社的审核，书能不能出版。

在申报选题之前，出版社编辑会给你一个选题表，选题表大概就是填这些内容。我们必须认真对待。

选题表提交之后，出版社会开选题会，讨论你的书能不能立项。

选题通过之后，会签合同，确定交稿时间。

写完稿子，交给出版社编辑审核，三审三校，如果书稿有问题，出版社编辑会反馈给作者修改。

修改时，作者一定要好好配合出版社，修改的结果直接决定着这本书能不能正式出版。如果反复修改，还是无法达到出版标准，也会存在无法出版的情况。

三审三校，质检通过之后，就可以申请书号等，下印厂了。

这是出版一本书的全部流程。

是不是出版一本书，作者的工作就算完成了？以前，可能作者只需要写，现在，如果你的书仅仅是出版了，你会发现没有用处，我们不仅要让书成功出版，同时要把书卖出去。

不要以为卖书是出版社的事情，一本书的爆火，是出版编辑、作者本人，还有营销编辑配合的结果。

如果仅仅是把书印出来、上架，那么，这本书多半会滞销。曾经有一个作者问我：为什么我出书之后，影响力并没有扩大？出书和没出书感觉区别不大。

这是因为她的书虽然出版了，但是没有销量，仅仅是在平台展示了而已。

如果你的第一部作品销量不佳，后续出版会变得更难。因为第一本书是试金石，如果你的书畅销，后面会有源源不断的约稿。

那么，新人作者如何配合出版社做好营销推广呢？

做好新书预售

作者在写书的同时，要做好读者维护，这样，你的新书出版之后，读者能够第一时间知道。

我们会发现，大多数知名作家都有对外的公众平台，比如莫言的公众号、庆山的微博、大冰的抖音。

他们用一个平台作为读者沉淀平台，新书上线之后，他们的读者能够在第一时间下单支持。

我是庆山的忠实读者，常年关注她的微博，她的新书出版消息一发，我就会立刻下单支持。很多读者都是这样默默陪伴自己喜欢的作家的。

不管是素人还是有影响力的作家，都要用心维护好喜欢自己的忠实读者。第一批忠实读者可能会写书评、短评等，引发二次销售。

作者在写作品的同时，可以尝试运营一两个新媒体平台的账号，前面章节中，我们详细分析了如何利用新媒体营销提升影响力，此处不再赘述。

以前，可能只要作品好，就会有人看，现在，写作者越来越多，大家的选择越来越多，所以新书出版之后，需要作者做推广。

作家推广新书的几种方法

（1）在自己的新媒体平台反复"刷屏"宣传。

（2）征集新书书评、好评。

（3）上架电子书，尽量让足够多的人看到这本书。

（4）给一些大型活动捐赠图书，让更多读者了解你的新书内容。

（5）和一些读书博主合作，约书评推广。

（6）举办共读会。

（7）直播分享、讲述图书亮点。

（8）录制视频，分享书中观点与干货内容等。

（9）做签售会，线下推广。

（10）参加大型活动，进行持续宣传。

只有你的书被更多的人看到，你的好内容才能被传播。如果你的作品收到的大多数是好评，说明你的书质量不错，值得宣传；如果新书收到了很多差评，就停止推广，继续精进，继续写作。

推广不能盲目，要根据市场反馈和读者反馈，不断调整推广方案。

配合出版社宣传

参加媒体访谈、线下签售，以及出版社组织的一些作品奖项评选，有助于扩大影响力，进而带动作品销量。

2023 年，我参加了第九届当当影响力作家评选，顺利入选小说榜当当影响力作家，和余华、莫言、刘震云、阿来在同一榜单。榜单公布那天，有多家出版社编辑加到我的微信，约我出书。

你看，参加活动不仅是为了更好地宣传作品，也是展示实力和扩大影响力的一种方式，被更多的人看到，能获得更多的机会。

第一本书出版之后，无论销量怎样，作者一定要戒骄戒躁，继续创作。

很多作者在出版第一本书之后，就失去了创作的动力，沉浸在出版了一本书的巨大喜悦之中。这样会导致自己很快失去热度，失去影响力，最后回到起点。

作者出版第一本书只是开启作家之路的第一步，想要成为作家，还有很长一段路要走，持续写书、坚持不断地创作新的作品、不断突破，直到写出畅销书、长销书。

当然，作家的使命不仅是写出畅销书，还要写出更多有价值的作品，所以生命不止，创作不停。

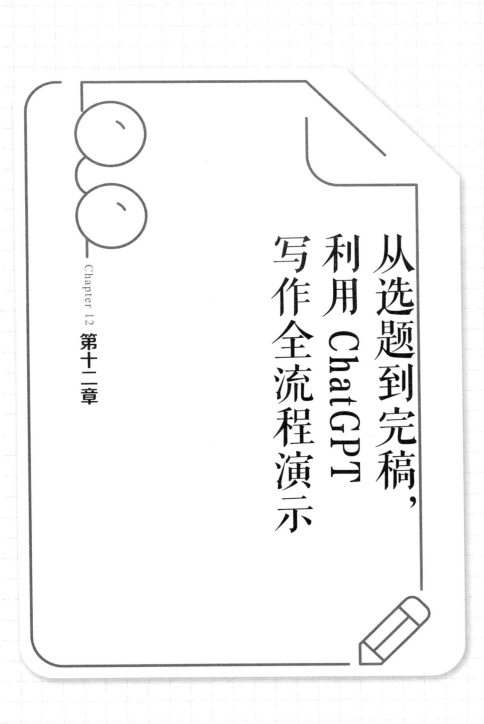

从选题到完稿，
利用 ChatGPT
写作全流程演示

前面，我们介绍了很多使用 ChatGPT 写作的方法。本章，来用一个案例演示使用 ChatGPT 写小说的整个过程。

01 | 确定主题

当我们不知道自己要写什么主题，但有一个大概的想法时，可以使用 ChatGPT 找思路。

比如，最近我特别想写一本女性觉醒主题的小说，讲述女主从厌女到爱上自己的性别，再到活出自我的故事，就以写出这样一部小说为例，来介绍用 ChatGPT 写小说的过程。

先用 ChatGPT 来确定小说的主题。

> **提问：** 我是一名小说作者，现在想要写一部女性觉醒类型的小说，关于女性觉醒主题，你可以给我一些建议吗？

⑥ ChatGPT 写一部女性觉醒类型的小说，你可以关注以下主题，来展现女性的成长、独立和自我发现。

1. 自我认知与自我接纳：女性主角可能从一个迷茫或被压抑的状态开始，通过一系列事件和挑战，逐渐认识到自己真正的价值和潜力。她学会接纳自己的过去和缺点，从而迈向更加坚强和自信的未来。

2. 拓展自我边界：女性主角可能在家庭、社会或文化的束缚下感到局限，通过某些经历或遭遇，她开始挑战这些限制，勇敢追求自己的梦想和目标，不再受限于传统性别角色或社会期望。

3. 独立与自主：女性觉醒的故事可以着重展示主角从依赖他人到独立自主的转变。她可以在事业、学业或人际关系方面寻求独立，学会依靠自己的力量生活，并且展现自己的价值和能力。

4. 对抗性别偏见：女性主角可能面对性别歧视和社会偏见，但她不再被动接受这些不公平待遇，而是积极反抗和争取平等。通过她的努力，她能够影响和改变周围人的看法，推动社会向更加包容与平等的方向发展。

5. 探索爱与关系：女性觉醒的故事不仅可以关注职业与个人成长，还可以深入探讨主角在爱情和友情中觉醒的过程。她可能面临爱情选择，学会与伴侣平等相处，或是学会在亲密关系中保持独立。

6. 团结与支持：女性觉醒的故事可以强调女性之间的团结和支持。主角可能在姐妹们的帮助下找到力量，或是她自己成为激励他人觉醒的导向者。这样的故事能够传递积极的女性价值观，或彰显友谊的重要性。

7. 打破社会桎梏：主角可以成为社会变革的代表，挑战旧有的体制和不公平的规则，争取女性权益和平等。她的故事可以激励读者思考社会问题，促进社会进步。

根据 ChatGPT 给出的建议，我们会发现在同一个大主题下，它给出的小主题非常有参考意义。我选择第一个主题，写女性的自我认知和自我接纳。

02 | 确定故事大纲

确定主题之后，要去梳理小说的大致内容。继续用上面的案例来演示，怎样利用 ChatGPT 写出故事大纲。

提问： 我要写一本女性觉醒主题的小说，讲述女主从厌女到爱上自己的性别，再到活出自我的故事。请你用"起承转合"的逻辑帮我写一个故事大纲。女主殷菲儿在中学时遇到了同样喜欢中性打扮和理寸发的莫卡卡和林简，三个人因为同为学校的异类而成为好友，在此后 15 年间一直陪伴彼此。她们经历了一系列事情，从愤世嫉俗的热血少女，到成为在自己的行业内做出优秀成绩的独立女性，活出了自我，接纳了自己。

⊛ ChatGPT 故事大纲如下。

起： 在一个小镇的中学里，女主角殷菲儿是一个内向孤僻、具备厌恶女性气质的少女。她喜欢中性打扮和理寸发，总是觉得自己不属于传统的被束缚在框架中的女性，因此在同学眼中成为异类。然而，她意外结识了两个志同道合的女孩，莫卡卡和林简，她们也同样追求着个性和独立。三个人因为彼此理解而成为最好的朋友，一起面对学校和社会中的异样眼光。

承：随着时间的推移，三位少女一起成长。在青春期的挣扎中，她们都曾愤世嫉俗，对社会的束缚进行反抗，坚持着自己的风格和价值观。她们一同度过了青涩的中学时光，互相支持，不断探索着自己的内心世界。在这段时间里，殷菲儿逐渐打开心扉，逐渐接受了自己的性别，学会了爱上自己的女性特点，与好友约定一起迎接未知的未来。

转：然而，成长的道路并不平坦。在追求自我的过程中，她们遭遇了挫折和困境。殷菲儿一度迷失自我，对自己的选择感到犹豫，但好友莫卡卡和林简始终陪伴在她身边，鼓励她勇敢面对内心的挣扎。三人一同经历了友情的考验，也逐渐找到了自己在世界中的定位。

合：随着时间的推移，三个女孩终于走出了青春期的迷茫。她们都变得成熟自信，展现出各自独特的魅力。殷菲儿决定不再隐藏自己，她开始坚定地展现中性打扮和短发，毫不胆怯地表达自己的想法。她们在各自的领域中，都取得了优秀的成绩，成为引领潮流的女性典范。她们用自己的行动向世界证明，女性并不应局限于传统的性别角色，每个人都有权利活出真实的自我。

结局：在这段共同成长的旅程中，三个女孩不仅找到了自己，也找到了真正的友谊。她们相信，真正的友谊是对彼此无条件的支持和理解，无论彼此的选择如何，都会在对方身边守护。

从我的角度来看，这个故事非常不错，但是 ChatGPT 给出的故事大纲和我原来的构思有出入，我们可以补充提问，给 ChatGPT 提供更精准和更具体的指令，以便它继续完善这个故事。

提问： 莫卡卡去了国外留学，回来后进入一所大学做老师，殷菲儿成了一名作家，而林简选择了走进婚姻，和丈夫一起做电商生意。她们的觉醒是在毕业之后的成长中。请围绕这些信息，重写小说大纲。

⑤ ChatGPT 故事大纲如下。

起：在一个小镇的中学里，女主角殷菲儿是一个内向孤僻、具备厌恶女性气质的少女。她喜欢中性打扮和理寸发，总是觉得自己不属于传统的被束缚在框架中的女性，因此在同学眼中是个异类。她意外地结识了两个志同道合的女孩，莫卡卡和林简，她们同样追求着个性和独立。三个人因为彼此理解而成为最好的朋友，一起面对学校和社会的异样眼光。

承：随着时间的推移，三位少女一起成长。在青春期的挣扎中，她们都曾愤世嫉俗，对社会的束缚进行反抗，坚持着自己的风格和价值观。她们一同度过了青涩的中学时光，互相支持，不断探索着自己的内心世界。在这段时间里，殷菲儿逐渐打开心扉，逐渐接受了自己的性别，学会了爱上自己的女性特点，和朋友约定一起迎接未知的未来。

转：中学毕业后，莫卡卡决定去国外留学，她的留学经历让她开阔了眼界，拓展了对世界的认知，最终回国后成为一名大学教授，用自己的知识启迪更多的年轻人。殷菲儿成为一名作家，她用文字表达自己的想法和情感，坚持书写关于女性觉醒和自我认知的故事，深受读者喜爱。她的小说传递着勇敢与坚韧的力量，帮助许多人寻找自我，并在生命中追求独立和自由。林简选择走进婚姻，并与丈夫一起做电商生意。尽管她选择了传统家庭生活，但她并未放弃自己的梦想。她用自己的实际行动诠释着女性可以在婚姻中与另一半平等相处，同时保持对事业的追求。

合：随着时间的推移，三个女孩终于走出了青春期的迷茫。她们都变得成熟自信，展现出各自独特的魅力。殷菲儿决定不再隐藏自己，她开始坚定地展现中性打扮和短发，毫不胆怯地表达自己的想法。她们在各自的领域中，都取得了优秀的成绩，成为引领潮流的女性典范。她们用自己的行动向世界证明了，女性并不应局限于传统的性别角色，每个人都有权利活出真实的自我。

结局：在这段共同成长的旅程中，三个女孩不仅找到了自己，也找到了真正的友谊。她们相信，真正的友谊是对彼此无条件的支持和理解，无论彼此如何选择，都会在对方身边守护。故事完整展现了女主角殷菲儿从厌女到爱上自己的性别，从迷茫到坚定的过程，她最终接纳了自己的一切，并敞开心扉面对未知的未来。三位女性都活出了真实的自我，成为彼此的榜样。每个人都在各自的领域内施展才华，过上了充实而独立的生活，共同书写着属于自己的辉煌篇章。

修改过的故事大纲基本完善，如果觉得哪里不合适，可以自己再做修改。

03 | 写出故事简介

概要是写给编辑和作者自己的，简介是写给读者的。有时候，作者可以写出好的小说，却写不出好的简介来吸引读者。如果对写故事简介完全没有头绪，我们可以使用 ChatGPT 来辅助写作。

> **提问：** 根据上述情节，帮我生成 10 个有悬念、有吸引力的内容简介。

⑤ ChatGPT 内容简介如下。

1.《迷失指针》。三位性格迥异的女孩，因中性风格结下深厚友情。中学毕业后，她们分别追寻着自己的梦想：莫卡卡在国外留学，殷菲儿成为备受瞩目的作家，而林简选择走进婚姻和进行电商创业。随着岁月流转，三人逐渐失去联系……故事穿梭于现在和过去，带你直面三位女孩在成长路上的迷茫，一同追寻她们的彼岸之梦。

2.《青春的碎片》。这是一段关于青春和友情的故事。莫卡卡、殷菲儿和林简在中学时是最好的朋友，但毕业后各自选择了不同道路。三人在各自的生活中面对挑战和变数，每个人都拼凑着自己的青春碎片。这是一部充满吸引力的文艺小说，让你感受青春的绚烂与复杂。

3.《梦幻追逐》。三位女孩在中学时期因为共同的中性风格结成深厚的友谊。毕业后，她们分别追寻着自己的梦想：莫卡卡去了国外留学，殷菲儿成为备受赞誉的作家，林简则选择走进婚姻和涉足电商生意。三人的成长故事交织，各自在迷途中寻找生命的意义，让你为她们的抉择感到揪心与期待。

4.《记忆之光》。这是一段充满回忆与感动的故事。莫卡卡、殷菲儿和林简，三位少女在中学时期是最好的朋友，但毕业后，她们拥有不同的命运。莫卡卡的国外留学经历、殷菲儿的作家之路、林简的婚姻选择……故事穿梭于过去和现在，带你领略人生旅途的变幻无常。

5.《追风逐梦》。三个中学时期的好友，毕业后各自走向不同的生活。莫卡卡的国外留学之旅助她追逐梦想，殷菲儿用文字书写自我，林简则选择走进婚姻和进行电商创业。她们的成长故事扑朔迷离，让你在故事中追寻她们的成长轨迹。

6.《相约星辰》。三位少女在中学时期结下友谊，毕业后却各奔东西。莫卡卡踏上国外留学之旅，殷菲儿成为备受瞩目的作家，林简选择走进婚姻和涉足电商生意，三人在时光的洪流中追寻着各自的星辰之约。她们的友情是否能够在岁月中持续燃烧？本书让你为她们的命运扼腕又期待。

7.《重回十五岁》。在中学时期，莫卡卡、殷菲儿和林简是最要好的朋友。毕业后，她们分别走上不同的道路。莫卡卡踏上国外留学之旅，殷菲儿走上作家之路，林简走进婚姻并进行电商创业。一个突如其来的时空错乱，让三人回到十五岁的时光。她们将如何面对这段意外的重返？如何挑战命运，找回那份纯真的友情？

8.《远方归航》。三个少女，毕业后各奔东西。莫卡卡完成了国外留学，殷菲儿成为著名作家，林简选择走进婚姻和涉足电商生意。在异乡、在文坛、在婚姻和事业中，她们是否能寻回那份无畏远方的勇气？这是一部感人至深、富有吸引力的文艺小说，让你欲罢不能。

9.《时光旅行者》。莫卡卡、殷菲儿和林简，三位交好的少女随着中学毕业而逐渐疏远。莫卡卡在国外留学，殷菲儿实现了作家梦想，林简面对婚姻与事业抉择，她们各自在时光的旅途中探寻自我。在某个特殊的时刻，她们意外成为时光旅行者，穿梭于过去与未来。三人将如何面对这个不可思议的命运，重塑友谊与梦想？

10.《星辰漫游者》。三个亲密的中学少女因为毕业后的选择不同逐渐疏远。莫卡卡到国外留学，殷菲儿追寻作家之路，林简选择走进婚姻并进行电商创业，她们在星辰漫游般的命运中努力前行。每个人都在探寻着自己的方向，三人的轨迹交织出一个追逐梦想和友情的舞台。

我非常喜欢《时光旅行者》这个的标题及其内容简介，稍加修改之后就可以使用。如果你没有在此阶段获得心仪的简介，可以继续提问，或者给出更多更具体的信息。ChatGPT 给出的信息并不能让人百分之百满意，大家可以选出初步符合预期的内容并进行修改。

04 | 写出人物小传

> **提问：** 可以根据以上信息帮我列出人物小传吗？可以增加配角。

ChatGPT 当然，以下是主要人物的小传及其他配角的简要介绍。

殷菲儿

性格： 内向孤僻，厌恶传统女性气质，喜欢中性打扮和理寸发。

故事： 在中学时期结识了莫卡卡和林简，因为同为异类而成为朋友；毕业后，她坚定追求自己的作家梦想，用文字表达自我，并成为备受瞩目的作家；在成长过程中，她经历了性别认知的觉醒和自我接纳，成为勇敢追求真我的女性典范。

莫卡卡

性格： 活泼开朗，渴望自由，追求学术与知识。

故事： 莫卡卡和殷菲儿、林简是中学时无话不谈的好友，毕业后，她选择了去国外留学，踏上追求学术梦想的旅程；在异国他乡，她面对新的环境和挑战，不断拓宽自己的眼界；最终，她成为一名大学教授，用自己的知识传递着勇敢与智慧。

林简

性格： 坚韧果断，内心温暖，努力平衡事业和婚姻。

故事： 在中学时期，林简与莫卡卡、殷菲儿结下了深厚的友情；毕业后，她选择了婚姻，并和丈夫一起涉足电商生意；她在事业和家庭中努力平衡，用坚毅的态度追求自我和幸福。

秦宁

性格：温和善良，是三位女主角的中学同学。

故事：中学时期，秦宁一直理解并支持着殷菲儿、莫卡卡和林简的选择，是她们青春时代的重要支持者；成年后，她成为一名社工，致力于帮助更多需要关爱的人。

王泽

性格：开朗幽默，是莫卡卡的留学同学。

故事：王泽是莫卡卡在国外留学时认识的朋友，他们一起经历了许多国外生活的欢乐和挑战；他是莫卡卡在异国他乡的坚实后盾。

张晨

性格：成熟稳重，是林简的丈夫。

故事：张晨是林简的大学同学，他们彼此相知相惜，最终结为连理；他是林简在事业和家庭中的重要支持者，和林简一起成长与奋斗。

李雯

性格：自信坚定，是殷菲儿的编辑、好友。

故事：李雯是殷菲儿的编辑，她对殷菲儿的作品赞赏有加；同时，她是殷菲儿毕业后最真诚的朋友；她为殷菲儿的写作提供了宝贵的意见和支持，间接推动了殷菲儿的成功。

这些角色共同构成了一个充满温暖和成长的故事，他们彼此在友情、事业和爱情中相互支持，共同演绎了女性觉醒的感人故事。

以上是 ChatGPT 给出的人物小传，是我反复生成后选出来的比较满意的版本。ChatGPT 生成的内容可能和你的预期大相径庭，但是没有关系，你可以根据它生成的模板，进行修改、填充。

05 | 确定开头

为了让作品更具吸引力，我们可以在写出初稿后，让 ChatGPT 帮助我们修改作品。

提问: 帮我修改以下小说开头,让它有悬念、有吸引力,同时修改错别字等。原文如下。

多年之后,我还会想起 18 岁的那个夏天,想起那两个陪伴了我整个青春的女孩,想起我离开青城的那个早晨,以及林简那句:"殷菲儿,你是个骗子,你明明说过我们永远不分开,你为什么要丢下我们自己走?"

那时候,我们还不知道这样的离别是人生常态,没有谁会陪谁一辈子,每个人都有自己要走的路。

只是,此时,林简并不明白我的选择,就连莫卡卡也无法理解。在她们心中,我背弃了她们,这使她们难过、悲伤、无法接受。

那天,我们不约而同在脑海中浮现出跪在那棵百年老槐树下面结拜姐妹的情形。我们跪在槐树下,对着土地庙,一本正经地说:"我莫卡卡,我殷菲儿,我林简,自愿结为异姓姐妹,同生同死,一生不弃。"讲完这句话之后,我们三个人对着土地庙,结结实实地磕了三个头。那也是像今天这样的一个夏天,太阳高高挂在天空,我们额头上有细微的汗珠,但似乎对这炙热的太阳毫无感知,你追我赶地围着老槐树奔跑。

那时候,我们以为这一生我们都会在一起,我们幻想着长大之后要一起做的事情,要在同一天结婚,一起穿上婚纱;一起创业,开一家公司;一起去远方:去布达拉宫朝圣,去丽江艳遇,去呼伦贝尔大草原放羊,去黑龙江看冰雕,去西安爬华山……我们讲这些事情的时候,对未来充满了期待。

这就是我们的青春。

---

⑤ **ChatGPT** 修改后的内容如下。

多年之后,我还会想起 18 岁的那个夏天,想起那两个陪伴了我整个青春的女孩,想起我离开青城的那个早晨,以及林简那句:"殷菲儿,你是个骗子,你明明说过我们永远不分开,你为什么要丢下我们?"

那个夏天,我们像三颗流星般闪耀着,以为彼此的友情能穿越时光,永不磨灭。我们曾在槐树下,对着土地庙,庄严地宣誓结为异姓姐妹,同生同死,一生不弃。那时的我们,对未来充满憧憬,幻想着一起穿婚纱,一起开创事业，一起漫游世界，一起探寻这世上所有未知的风景。

然而，青春的宣言终究抵不过岁月的流逝。毕业后，我们走上了不同的道路，面对着各自的命运抉择。莫卡卡飞往异国，追寻学术梦想；林简在婚姻与事业中权衡选择；而我，选择用文字记录青春的旋律。

那时候的我们，从来没有想过，这样的离别是人生常态，每个人都有自己要走的路。我看着她们离我远去，心中充满了愧疚和不安。在她们心中，我或许是个背弃友情的骗子，让她们难过、悲伤、无法接受。

多年后的今天，我回忆起那段光彩夺目的青春时光，不知道她们是否还记得当初结拜姐妹的期许，是否还记得曾经许下的诺言。在那个闪耀着阳光的夏天，我们跑在老槐树下，细微的汗珠挂在额头，对未来的一切充满期待。这就是我们的青春，理想与现实相互交织。我承认，我曾为自己的选择而犹豫，但是我们都要面对自己的成长，探寻属于自己的星辰轨迹。如今，回忆在心间荡漾，我不知道是否还能够找回曾经的姐妹情谊，是否还能在彼岸的风景中相遇。岁月的长河里，我渴望重新走进她们的生命，找回那份曾经的纯粹，再续那段未了的青春。

我们来看这段修改后的开头，虽然的确对原文做了一些梳理和优化，但并不能完全满足我的要求，所以，我需要在 ChatGPT 修改的开头的基础上再进行反复优化，直到满意。

06 | 解决卡文的问题

写作时，作者难免会遇到卡文的情况，或者因为缺少某一类知识，不知如何继续推进。这时，我们可以找 ChatGPT 帮忙。

比如，我在写小说的时候，写到一个情节，是林简和老公离婚之后，对方不想要儿子。怎样让剧情更合理呢？我向 ChatGPT 提问如下。

> **提问：**什么样的情况下，男人在离婚后不想要自己的孩子？

⑤ ChatGPT　在离婚后，男人可能有多种原因不想要自己的孩子，以下是一些可能的情况。

冲突与争议：离婚通常伴随着情感上的冲突和争议，在这种情况下，一方不想要孩子是因为希望与对方保持距离，避免继续纠缠在复杂的关系中。

经济困难：孩子的抚养和教育需要经济支持，离婚可能会导致一方面临经济困难，无法承担孩子的抚养责任。

责任压力：有些男性可能在面对父亲责任时感到压力巨大，尤其是在婚姻破裂的情况下，可能不愿意继续承担作为父亲的责任。

感情疏远：离婚后，父亲与孩子可能会因为种种原因而疏远，导致他不想要孩子，或者失去了照顾孩子的动力。

新伴侣影响：有时候，男人会在离婚后重新组建家庭，新伴侣可能对原有孩子有不同的态度，导致他不愿意继续照顾自己的孩子。

不稳定的生活状况：某些男性可能由于工作或生活不稳定，无法为孩子提供良好的生活环境，从而不想要孩子。

这个回答非常好，"新伴侣影响"给了我新的思路，我可以根据这个思路，解释林简丈夫的行为。

对一些社会背景不了解时，我们也可以向 ChatGPT 提问。

提问：请问，2006 年，孩子们用的交通工具、交流软件是什么，以及当时比较流行什么？

⑤ ChatGPT　2006 年时，孩子们使用的交通工具、交流软件和流行事物主要包括以下内容。

交通工具列举如下。

自行车：自行车在 2006 年仍然是孩子们常用的交通工具之一，特别是在学校及周边地区。

步行：很多孩子在当时会选择步行作为常规的出行方式，尤其是在短距离内。

交流软件和通信方式列举如下。

QQ：在中国，2006 年的时候，QQ 作为最流行的即时通信软件，成为许多孩子沟通交流的首选；QQ 的聊天窗口、表情和签名，都成为当时的流行元素。

MSN Messenger：在全球范围内，MSN Messenger 是非常流行的即时通信软件，许多国家的孩子使用它与朋友进行交流。

短信：由于当时手机的普及程度较低，短信仍然是一种主要的通信方式，孩子们使用短信与朋友交流消息，尤其是在没有网络的情况下。

流行趋势列举如下。

音乐：流行的音乐包括流行歌曲、摇滚、嘻哈等，当时的音乐风格多样，有一些著名的乐队和歌手，如后街男孩、Britney Spears、艾薇儿、Eminem 等。

时尚：在时尚方面，牛仔裤、宽松的 T 恤、运动鞋和帆布鞋是孩子们喜欢的。

动漫：动漫文化受到孩子们的追捧，一些经典动漫作品，如《火影忍者》《死神》《海贼王》等，受到广大孩子的喜爱。

当然，这些只是 2006 年的一些流行趋势和常见事物，可能因地区和文化差异有所不同，但总体上反映了当时孩子们的生活和兴趣所在。

我们可以把这些社会背景写进小说。

如果小说情节中的时间跨度比较大，想要体现社会发展，却忘记了发生过哪些大事件，怎么办？依然可以向 ChatGPT 提问。

提问：2006 年到 2023 年中国发生的大事件。

🦋 **ChatGPT** 以下是 2006 年到 2023 年中国发生的一些大事件。

2006 年，中央经济工作会议确定"五年规划"，推动经济发展和改革。

2006 年，上海合作组织首次在上海举行峰会，体现了该组织在地区合作中的重要地位。

2008 年，北京奥运会和残奥会成功举办，展示了中国的经济实力和举办大型国际赛事的能力。

2008 年，四川汶川地震，造成严重人员伤亡和财产损失。

2010 年，上海世界博览会盛大开幕，成为世界关注的焦点，吸引了全球游客。

2013 年，中国启动了"一带一路"倡议，旨在加强与沿线国家的合作和经济互联互通。

2015 年，中国取消独生子女政策，实施"全面二孩"政策，以缓解人口老龄化问题。

2022 年，中国举办北京冬奥会，成为首个前后举办了夏季和冬季奥运会的国家，进一步展示其举办大型国际赛事的实力。

2023 年，中国成功完成嫦娥探测器任务，成功登陆月球南极，展示中国航天科技的进步。

这些事件只是中国近年来发生的一部分重要事件，中国在这段时间内经历了政治、经济、社会等多方面的变革和发展。

我们可以把举办奥运会、汶川地震、举办冬奥会、嫦娥探测器登上月球等事件作为故事背景，成为串联起整个故事的时间线。

07 | 分析小说卖点

提问： 请根据上述小说剧情，分析小说市场和小说卖点。

⑤ **ChatGPT** 根据我们之前讨论的小说剧情，这是一部以女性觉醒为主题的小说，讲述三位女主角在经历中学时期的相伴后，各自选择了不同的道路，成长为优秀的女性，活出了自我的故事。这样的题材和情节在小说市场上有着一定的潜力和吸引力。

小说市场分析如下。

女性觉醒类题材： 当代社会对女性觉醒类话题非常关注，女性在社会地位和意识上的提升成为热门话题，因此，以女性觉醒为主题的小说在当下的市场上拥有一定的潜在受众群体。

友情与成长： 友情和成长是永恒的主题，观众喜欢看到人物在面临各种挑战时的成长和变化，这样的情节设置能够调动读者的阅读兴趣，激发情感共鸣。

多线叙事：小说涉及三位女主角的故事，将会呈现出丰富多彩的情节和人物，让读者从不同角度体验不同人生选择和经历。

小说卖点分析如下。

情感共鸣：深入探讨女性的内心世界、人生抉择和成长历程，让读者与女主角建立情感共鸣，体会到成长、选择和自我认知的重要性。

人物形象：女主角殷菲儿、莫卡卡和林简的个性和故事情节都充满吸引力，读者会被这些丰富多样的人物所吸引，期待着她们的成长。

探讨现实议题：小说通过描写三位女主角的经历，涉及性别认知、职业选择、婚姻观念等现实议题，使读者在阅读时获得思考和启示。

积极向上：故事表达了积极向上的态度，强调自我认同和追求梦想的重要性，这样的积极能量能够吸引读者。

情节跌宕起伏：小说情节中有悬念和转折，各个阶段的起伏会吸引读者继续往下阅读，了解女主角的命运和选择。

总体来说，这部女性觉醒主题的小说将以其深刻的主题、丰富的情节和引人入胜的人物形象吸引读者，特别是吸引对女性成长和情感共鸣感兴趣的读者群体。在当今社会，关注女性成长和价值观觉醒的话题是热门的阅读选择之一，这样的小说具有一定的市场潜力和吸引力。

根据 ChatGPT 给出的卖点，我们可以加以补充、优化，最后提炼出完善的卖点。

08 | 为小说起名

提问： 请根据以上情节，为小说写出 6 个具有具吸引力的书名。

ChatGPT 书名如下。

《星辰觉醒》

《女子的选择》

《青春留念》

《友情长存》

《命运交汇》

《梦想的轨迹》

我们会发现，这些书名都不够有特色。我们可以继续让 ChatGPT 提供书名，甚至可以先让它生成 100 个书名，然后从中筛选。

最终，我根据 ChatGPT 提供的书名，修改后决定给这本书起名为《风巷》，寓意三位主角走过人生的各个巷口，迎风而上。我个人觉得，我起的书名比 ChatGPT 起的书名更有意境，所以，作家的核心竞争力永远不要丢，你的审美和文学基础才是你作品的灵魂。

09 | 修改文稿

提问：请问，如何修改一部小说？

⑤ **ChatGPT** 修改小说是一个重要且耗时的过程，以下是一些建议，帮助你进行修改。

放下初稿：将初稿放下，暂时不要读它，这样做可以让你在回过头来审视作品时拥有更加客观的眼光。

全面审视：在开始修改之前，全面审视小说，关注情节、人物、对话、结构、文体等各个方面，记录下你认为需要改进的地方。

分阶段修改：将修改过程分为几个阶段，每个阶段专注于不同的方面。例如，故事情节、人物塑造、语言表达等。

角色一致性：确保人物在整个故事中的性格和行为有一致性，不要让人物出现行为反差太大的情况，这会破坏读者对人物的认知。

情节逻辑：检查情节的逻辑性，确保事件发展自然、流畅，没有不合理的转折和突兀的变化。

对话真实：确保对话自然、真实，符合人物的性格和背景，不要让对话听起来生硬或不自然。

语言精练：简洁明了的语言更容易被读者接受和理解，注意去除冗长的描述和重复的词语。

引入冲突：确保故事中存在足够的冲突和紧张感，这是吸引读者的关键。

加强描写：合适的描写可以增加场景的真实感和读者的沉浸感，但要避免过度描述，以免拖慢故事进展。

读者反馈：在修改过程中，征求他人的意见和反馈是非常有帮助的，他们可以帮助你发现被你忽略的问题。

细节把控：注意对细节的把控，例如，时间线的连贯性、场景的合理性等。

修正结局：故事结局要有合理的解释，不要让读者感到突兀或不满意。

修改是一个反复进行的过程，可能需要多次尝试，才能使作品达到最佳状态。耐心和专注是修改的关键，同时，可以参考其他作家的写作技巧和经验，不断学习和提升自己的写作水平。

找到修改方法后，按照这个思路修改小说即可。

在修改小说的过程中，ChatGPT 也可以为我们提供帮助。比如，发现小说中的转场描写有些脱节时，可以让 ChatGPT 给出修改思路。

提问： 请问，写有三个主人公的小说时，怎样转场，可以从一个人的故事自然过渡到另一个人的故事？

---

⑤ ChatGPT 在小说写作中，处理三个主人公之间的转场需要一定的技巧，以确保故事的流畅性不受影响和读者的兴趣不转移。以下是一些建议，来实现平滑的转场。

留下悬念：在一个主人公的故事情节即将到达高潮或关键时刻时，暂时中断对这个故事线的描写，留下悬念，引起读者的好奇心，与此同时，迅速切换到另一个主人公的故事线，让读者继续阅读下去，以找到答案。

时间和地点的转换：为故事设置不同的时间和地点，这样，切换主人公时会更自然。若一个主人公的故事线发生在某个城市的现代，切换到另一个主人公时，可以选择古代或不同的国家，以确保平滑过渡。

交叉事件：可以在两个或三个主人公之间设置一些事件或场景，让他们有所交集，例如，一个主人公在某个地点目睹了一个重要事件后，下一个章节切换到另一个主人公的视角，描述他们如何与之相关。

通过对话连接：在一个主人公的故事线中，让他们谈论或想到另一个主人公，然后转场到另一个主人公的故事线中，这样的对话或内心独白可以帮助读者轻松过渡到下一个故事线。

渐进：转场时，可以逐渐引入下一个主人公的视角，即在前一个主人公的故事线末，描写与下一个主人公相关的情节，渐渐过渡到下一个主人公的视角。

利用章节或标题转场：将每个主人公的故事线安排在不同的章节中，并在章节标题中明确指出主人公的名字，这样，读者阅读时就能清楚地知道当前在哪个主人公的故事中。

保持连贯性：尽量保持故事线之间的逻辑和情感上的连贯性，这是因为虽然主人公之间的故事线可以独立发展，但它们应该在整体上相互联系，构成一个更大的故事。

适时回顾：转场到新的主人公时，适度回顾上一个主人公的故事线，有助于读者重新融入新的情节，不会感到突兀。

记住，平滑的转场是一项艺术，需要不断实践和反复修改。通过试验不同的方法，你可以用最适合你的故事的方式来处理多个主人公之间的转场。

上述方法可以用来转场过渡，我最喜欢渐进这个方法，所以我在修改小说时，会在描写殷菲儿的故事结尾时有意识地提到莫卡卡，随后顺理成章地转场到莫卡卡的故事上。

我们还可以使用 ChatGPT 帮助我们梳理逻辑。

提问： 故事中，殷菲儿 15 岁时，母亲突然离家出走，消失不见，只留下一句"我走了，对不起，我要去寻找丢失了的自己"。对于这个设定，如何让故事变得合理？请给出一个建议。

ChatGPT 对于这个设定，以下建议可以让故事变得合理和有说服力。
深化母亲的角色：在故事中，适当深化母亲的角色，展现她是一个有着内心矛盾和迷茫的人，例如，可以描写母亲在殷菲儿小时候是一个负责任的母亲，但内心始终被自己丢失的过去困扰着。

揭示母亲的心理冲突：在留下的离别信中，母亲表达了自己要寻找丢失的自我的愿望，因此，可以通过她的回忆和内心独白来揭示她内心的冲突和挣扎，让读者理解她为什么要离家出走。

过去的秘密：逐步揭示母亲过去的秘密，为她突然消失的行为提供解释，秘密可以是她年轻时的遭遇、失去的梦想、家庭背景等，这些都可能导致她内心的不安和迷茫。

母女情感：通过描写殷菲儿对母亲的感情，表现出她对母亲的理解和思念，这样的情感线索可以增加读者对母亲故事的关注和共鸣。

角色成长：让殷菲儿在母亲离家后经历成长和自我探索，通过这样的描写，凸显母亲的离开对她产生的影响，以及她逐渐理解母亲的决定并成长为独立坚强的女性的过程。

重逢与理解：在故事后期，可以考虑让殷菲儿和母亲重逢，通过一段时间的分离，母亲找到了自己想要的答案，同时也能更好地理解并接受殷菲儿，这样的情节可以为故事画上一个圆满的句号。

增加如上情节，母亲的故事将更加合理且感人，读者可以更好地理解她的选择和行为，同时，故事情节将更具吸引力和情感深度。

　　我们会发现，ChatGPT 的建议非常好，母亲寻找自我，对于殷菲儿来说影响巨大，导致她长大之后放弃读书，开启"流浪"生活，寻找母亲，想要找到母亲离家的原因。种种经历，推动她自我觉醒，成为作家。

　　把"角色成长""过去的秘密""深化母亲的角色"这三个点放进去，能更好地解释母亲的行为，也能更好地诠释殷菲儿的性格，以及她后来的觉醒和成长。母亲的选择是她觉醒的起点，因为有这个导火线，才有了她之后的探索。同时，这一设定交代了殷菲儿的家庭背景，让读者更能理解殷菲儿的成长和选择。

　　以上就是修改小说的各种演示，还有一些细节修改，在前面的章节中有详细案例，读者可以直接参考。

　　现在，我们来汇总一下使用 ChatGPT 写出来的小说。

书名：《风巷》

简介：莫卡卡、殷菲儿和林简，三位交好的少女随着中学毕业而逐渐疏远。莫卡卡在国外留学，殷菲儿实现了作家梦想，林简面对婚姻与事业抉择，她们各自在时光的旅途中探寻自我。在某个特殊的时刻，她们意外成为时光旅行者，穿梭于过去与未来。三人将如何面对这个不可思议的命运，重塑友谊与梦想？

大纲：

在一个小镇的中学里，女主角殷菲儿是一个内向孤僻、具备厌恶女性气质的少女。她喜欢中性打扮和理寸发，总是觉得自己不属于传统的被束缚在框架中的女性，因此在同学眼中是个异类。她意外地结识了两个志同道合的女孩，莫卡卡和林简，她们同样追求着个性和独立。三个人因为彼此理解而成为最好的朋友，一起面对学校和社会的异样眼光。

随着时间的推移，三位少女一起成长。在青春期的挣扎中，她们都曾愤世嫉俗，对社会的束缚进行反抗，坚持着自己的风格和价值观。她们一同度过了青涩的中学时光，互相支持，不断探索着自己的内心世界。在这段时间里，殷菲儿逐渐打开心扉，逐渐接受了自己的性别，学会了爱上自己的女性特点，和朋友约定一起迎接未知的未来。

中学毕业后，莫卡卡决定去国外留学，她的留学经历让她开阔了眼界，拓展了对世界的认知，最终回国成为一名大学教授，用自己的知识启迪更多的年轻人。

殷菲儿成为一名作家，她用文字表达自己的想法和情感，坚持书写关于女性觉醒和自我认知的故事，深受读者喜爱。她的小说传递着勇敢与坚韧的力量，帮助许多人寻找自我，并在生命中追求独立和自由。

林简选择了走进婚姻，并与丈夫一起做电商生意。尽管她选择了传统家庭生活，但她并未放弃自己的梦想。她用自己的实际行动诠释着女性可以在婚姻中与另一半平等相处，同时保持对事业的追求。

随着时间的推移，三个女孩终于走出了青春期的迷茫。她们都变得成熟自信，展现出各自独特的魅力。殷菲儿决定不再隐藏自己，她开始坚定地展现中性打扮和短发，毫不胆怯地表达自己的想法。她们在各自的领域中，都取得了优秀的成绩，成为引领潮流的女性典范。她们用自己的行动向世界证明了，女性并不应局限于传统的性别角色，每个人都有权利活出真实的自我。

在这段共同成长的旅程中，三个女孩不仅找到了自己，也找到了真正的友谊。她们相信，真正的友谊是对彼此无条件的支持和理解，无论彼此如何选择，都会在对方身边守护。故事完整展现了女主角殷菲儿从厌女到爱上自己的性别，从迷茫到坚定的过程，她最终接纳了自己的一切，并敞开心扉面对未知的未来。三位女性都活出了真实的自我，成为彼此的榜样。每个人都在各自的领域内施展才华，过上了充实而独立的生活，共同书写着属于自己的辉煌篇章。

人物小传：

殷菲儿

性格：内向孤僻，厌恶传统女性气质，喜欢中性打扮和理寸发。

故事：在中学时期结识了莫卡卡和林简，因为同为异类而成为朋友；毕业后，她坚定追求自己的作家梦想，用文字表达自我，并成为备受瞩目的作家；在成长过程中，她经历了性别认知的觉醒和自我接纳，成为勇敢追求真我的女性典范。

莫卡卡

性格：活泼开朗，渴望自由，追求学术与知识。

故事：莫卡卡和殷菲儿、林简是中学时无话不谈的好友，毕业后，她选择了去国外留学，踏上追求学术梦想的旅程；在异国他乡，她面对新的环境和挑战，不断拓宽着自己的眼界；最终，她成为一名大学教授，用自己的知识传递着勇敢与智慧。

林简

性格：坚韧果断，内心温暖，努力平衡事业和婚姻。

故事：在中学时期，林简与莫卡卡、殷菲儿结下了深厚的友情；毕业后，她选择了婚姻，并和丈夫一起涉足电商生意；她在事业和家庭中努力平衡，用坚毅的态度追求自我和幸福。

秦宁

性格：温和善良，是三位女主角的高中同学。

故事：中学时期，秦宁一直理解并支持着殷菲儿、莫卡卡和林简的选择，是她们青春时代的重要支持者；成年后，她成为一名社工，致力于帮助更多需要关爱的人。

王泽

性格：开朗幽默，是莫卡卡的留学同学。

故事：王泽是莫卡卡在国外留学时认识的朋友，他们一起经历了许多国外生活的欢乐和挑战；他是莫卡卡在异国他乡的坚实后盾。

张晨

性格：成熟稳重，是林简的丈夫。

故事：张晨是林简的大学同学，他们彼此相知相惜，最终结为连理；他是林简在事业和家庭中的重要支持者，和林简一起成长与奋斗。

李雯

性格：自信坚定，是殷菲儿的编辑、好友。

故事：李雯是殷菲儿的编辑，她对殷菲儿的作品赞赏有加；同时，她是殷菲儿毕业后身边最真诚的朋友；她为殷菲儿的写作提供了宝贵的意见和支持，间接推动了殷菲儿的成功。

小说卖点：

情感共鸣：深入探讨女性的内心世界、人生抉择和成长历程，让读者与主角建立情感共鸣，体会到成长、选择和自我认知的重要性。

人物形象：主角殷菲儿、莫卡卡和林简的个性和故事情节都充满吸引力，读者会被这些丰富多样的人物所吸引，期待着他们的成长。

探讨现实议题：小说通过描写三位女主角的经历，涉及性别认知、职业选择、婚姻观念等现实议题，使读者在阅读时获得思考和启示。

积极向上： 故事表达了积极向上的态度，强调自我认同和追求梦想的重要性，这样的积极能量能够吸引读者。

情节跌宕起伏： 小说情节中有悬念和转折，各个阶段的起伏会吸引读者继续往下阅读，了解主角的命运和选择。

总体来说，这部女性觉醒主题的小说将以其深刻的主题、丰富的情节和引人入胜的人物形象吸引读者，特别是吸引对女性成长和情感共鸣感兴趣的读者群体。在当今社会，关注女性成长和价值观觉醒的话题是热门的阅读选择之一，这样的小说具有一定的市场潜力和吸引力。

小说市场分析：

女性觉醒类题材： 当代社会对女性觉醒类话题非常关注，女性在社会地位和意识上的提升成为热门话题，因此，以女性觉醒为主题的小说在当下的市场上拥有一定的潜在受众群体。

友情与成长： 友情和成长是永恒的主题，观众喜欢看到人物在面临各种挑战时的成长和变化，这样的情节设置能够调动读者的阅读兴趣，激发情感共鸣。

多线叙事： 小说涉及三位女主角的故事，将会呈现出丰富多彩的情节和人物，让读者从不同角度体验不同人生选择和经历。

正文：

多年之后，殷菲儿还会想起18岁的那个夏天，想起那两个陪伴了她整个青春的女孩，会想起她离开青城的那个早晨，林简哭着对她喊："殷菲儿，你就是个骗子，明明是你先说我们永远不分开，现在为什么要丢下我们？"

那时候，她们还不知道这样的离别是人生常态，没有谁会陪谁一辈子，每个人都有自己要走的路。

在十七八岁的年纪，最是觉得非黑即白，有些事情说定了，便绝不可轻易更改。

一旦更改，便是背叛。

但殷菲儿还是走了。

车开出殷家老宅的巷口，巨大的槐树过滤掉炽热的阳光，被树叶打碎的光影斑驳，落在殷菲儿的脸上。

也落在后视镜中，两个越来越远的身影上。

渐行渐远中，她们不约而同想起多年前，在这棵百年老槐树下面"结拜"的情形。

她们跪在树下，一本正经地说："我莫卡卡，我殷菲儿，我林简，自愿结为异姓姐妹，同生同死，一生不弃。"

那也是一个像今天这样的夏天，太阳高高挂在天空，她们额头上挂着细微的汗珠，而她们对这炙热的日光毫无感知，你追我赶地围着老槐树奔跑。

那时候，她们以为彼此必然会相伴一生，她们幻想着长大之后要一起做的事情：要在同一天结婚，一起穿上婚纱；要一起创业，开一家最大的公司；要一起去布达拉宫朝圣，去呼伦贝尔大草原放羊，去黑龙江看冰雕，去西安爬华山……

她们对未来充满了期待。

……

这是一个完整的用 ChatGPT 辅助写小说的过程，大家在写作的过程中可以直接拿来参考。在使用 ChatGPT 辅助写作的过程中，一定要坚持阅读，提高文字鉴赏能力，还要持续探索，形成自己的风格，保持独立的思考。只有这样，在未来的写作中，你才能拥有真正的核心竞争力，你的作品才能从大量用 ChatGPT 生成的千篇一律的作品中脱颖而出。

Postscript 后记

我们为什么写作？

很多人问过我：写作到底有什么用？

其实，要我说，写作好像没多大用。

写作，只不过是让我们在巨大的浮躁时代，保持一份宁静笃定的心境，从此有了饱满的勇气与力量，去对抗所有的不确定性。

写作，只不过是让我们在浩瀚无垠的宇宙中，留下作为一个人的永不磨灭的微弱痕迹。

写作，只不过是让我们感知自我的内心，向内探求，让每一个当下都达到最好的状态。那些温暖的、闪光的、苦闷的、纠结的、烦恼的、欣喜的、脆弱的、遗憾的时刻，都是我们一步步踏过的征途。

写作，就是解构自己又重构自己的过程。

这是一个充满创造性的能力，时刻打碎过去的自己，又时刻重塑自己，无时无刻不在变化。

过去、当下、未来，三个时空自由穿梭，各个时空中不同的自我交相辉映。

你在通向自我命运的途中与自我相遇，他人也在通向自我命运的途中与你相遇。

群体照见个体，个体映射群体。

相遇的每一个瞬间，都是挥手作别后，暗夜中的火炬，生生不息，浩瀚燃起。

个人的生命是短暂的，而人类的命运是永恒的。

我们可以用文字溯回千百前年的生命，那些站在岸边抑扬顿挫吟咏低唱的诗人，那些战场上大雪满弓、不避斧钺厮杀的将士，那些春日凝妆凭栏倚靠的惆怅女子……他们的生命逝于岁月，却永存于泛黄古卷中。

在 AI 出现之前，千百年来，写作者都是从心而写，一字一句反复琢磨。

现在，面对 AI 的发展，大家时常会反思：它们究竟能不能代替写作者呢？现在的一切会不会发生巨大改变？

ChatGPT 的出现掀起了 AI 浪潮，各行各业人心浮动。有人看到了机会，以它为工具，用在工作中，提高效率，优化流程；有人看到了危机，如履薄冰，胆战心惊，生怕自己的工作被取代；剩下的人，要么在观望，要么在浅试，看它究竟能发展到什么程度。

这本质上是科技革命，自古至今一直存在。18 世纪的蒸汽机冒着滚滚浓烟前行，19 世纪电力的应用点亮了世界，20 世纪各种新兴技术的突破推动世界进入新时代，而如今，AI 毫无疑问地又一次成为世界科技发展的里程碑。

太阳底下哪里有新鲜事，每一次新技术出现时，人都会分成两类：一类是利用新技术的人，一类是被新技术抛弃的人。

任何技术的发展都会带来利弊，但是从整体趋势来看，发展是不可阻挡的趋势。

我们究竟应该如何看待它呢？

不抵制，不封闭，抗拒时代发展无疑就是掩耳盗铃，终究会被洪流淹没。

人类历史长达几百万年，纵观科技发展，在这漫长的历史中，也不过一瞬而已。科技是为了让人过上更美好的生活，而不是威胁人类的安全与生活。最好的方式是学会冲浪，踏浪而行，用开放的心态，拥抱一切新生技术与力量。

AI 可以完成一部分文字工作，严谨、逻辑性强、理性。

AI 可以无限模仿和趋向人类，但绝不可能成为人类。

AI 基于算法，人心基于人性。算法与人性相比，当然是人性更有深度、更复杂、幽微。

AI 可以生成基础文案、实用性文章，但是无法创作真正的文学。因为文学是基于人类生命体验而产生的，没有生命，就没有体验，没有体验，就没有文学。

AI 是基于数据库的信息整合，人能产生思考、联想、推测，能从现象看到本质，能从表面看到深层，能从个例推及群体。AI 的能力是有边界的，边界就是数据库，而人类大脑是自由的，没有边界，拥有极致的主观能动性，可以突破创新。

再聪明的 AI 也无法真正理解人类的价值观内核和精神思想。人类的情感具有独特性、复杂性、流转性，即使是同一种感情，每个人的阐释都是不同的。AI 未曾体验，未曾经历，只能用程序生成内容，融合别人的情感。

智能工具的迅速发展，反而让我们的思考回归了本质，我们更要提升自己的逻辑、深度和高度。我们更应该学会驾驭工具的方法，让其更好地为自己所用。

工具决定下限，而上限取决于使用者。道、法、术、器四个层级，科技处于器的层面。面对同一个工具，不同的使用者会创作出不同层级的内容，关键区别在于使用者的认知、思维、技术。

——杜培培